高等职业教育"互联网+"新形态一体化教材

微机原理及应用

主 编 殷 慧
参 编 曲 璐 刘 贺 佟 强
　　　 李庆亮 穆效江 王新伟
主 审 姜俊侠

机械工业出版社
CHINA MACHINE PRESS

本书主要介绍了微机的硬件和软件两部分内容。其中，硬件部分主要以英特尔 16 位处理器芯片 8088/8086 为原型，讨论了微处理器芯片的内部构成、工作方式、引脚和接口的使用方法；软件部分主要讨论在实模式下对存储器的寻址方法和汇编语言源程序的设计。本书配套的数字课程已经在智慧职教 MOOC 上线，欢迎读者使用和学习。

本书适合作为高等职业院校本科及专科层次装备制造大类及电子信息大类相关专业的教材，也可作为自学用书及相关培训班用书。

为方便教学，本书配套了立体化数字资源，包括微课视频及动画（二维码形式）、课件等，供读者开展自主学习，也为授课教师开展线上教学提供便利。资源下载地址：www.cmpedu.com。

图书在版编目（CIP）数据

微机原理及应用 / 殷慧主编. -- 北京：机械工业出版社，2025.1. -- （高等职业教育"互联网+"新形态一体化教材）. -- ISBN 978-7-111-77509-6

I. TP36

中国国家版本馆 CIP 数据核字第 2025QC5215 号

机械工业出版社（北京市百万庄大街22号　邮政编码100037）
策划编辑：赵红梅　　　　　责任编辑：赵红梅　苑文环
责任校对：龚思文　王　延　　封面设计：马若濛
责任印制：刘　媛
北京中科印刷有限公司印刷
2025年4月第1版第1次印刷
184mm×260mm · 12印张 · 293千字
标准书号：ISBN 978-7-111-77509-6
定价：43.00元

电话服务　　　　　　　　　网络服务
客服电话：010-88361066　　机　工　官　网：www.cmpbook.com
　　　　　010-88379833　　机　工　官　博：weibo.com/cmp1952
　　　　　010-68326294　　金　书　网：www.golden-book.com
封底无防伪标均为盗版　　　机工教育服务网：www.cmpedu.com

前 言

本书按照高等职业教育教学和改革要求，以生产实际所需的基本知识、基本理论和基本编程技能为基础，以培养学生的系统分析能力、创新能力和综合知识应用能力为主线，将微型计算机的工作原理和汇编语言开发等教学内容进行了有机整合，用浅显易懂的语言讲述深奥的理论知识，辅以典型案例的分析与实现，在进行理论学习的同时注重学生应用能力的提升。

本书主要特点如下。

1. 按照能力进阶的方式构建教材框架体系

按照"二进制数的概念""微机系统""微机的硬件构造""微机的软件编程""微机的接口"等知识认知逻辑构建教材体系，遵循由低到高、由简单到综合、由浅入深的技能人才能力培养规律，体现较强的应用性和实践性。

2. 突出装备制造类、电子信息类专业对计算机基础等课程需求的特点

本书为面向装备制造类、电子信息类专业的教材，依据装备制造类、电子信息类专业对于计算机基础的知识要求进行编写，主要体现在以下几个方面。

1）对二进制数的理解和掌握。在电气控制系统中，通常通过置位的方式控制外部设备，因此对二进制数的理解尤为重要。

2）对于微机系统构造的理解。在工业环境中会用到很多类微机设备，如可编程控制器，这些设备虽然看似与微机的形态不一样，但是其内部的构造是非常相似的。因此，理解微机系统构造是理解和利用更多的类似工业设备的基础。

3. 融通职业能力，以实际项目驱动教学

将职业能力所需的知识点和能力点以企业生产实际项目驱动的方式展开，每个单元按【学习目标】→【学习重难点】→【学习背景】→【学习要求】→【知识准备】→【综合分析】→【归纳总结】→【思考与练习】顺序进行内容介绍，以更好地突出职业教育改革的特点，培养学生高度的责任心、良好的合作精神和创新意识，提高学生综合分析和解决问题的能力。

本书由深圳信息职业技术学院殷慧担任主编，深圳信息职业技术学院曲璐、刘贺、佟强、李庆亮、穆效江、王新伟参与编写，全书由姜俊侠主审。

限于编者水平，书中疏漏之处在所难免，敬请广大读者批评指正。

编 者

二维码索引

页码	名称	图形	页码	名称	图形
6	查看计算机 IP		22	BCD 码	
8	常用计数制的表示		23	ASCII 码	
11	十进制转二进制		28	微型计算机系统组成	
14	无符号数的溢出		29	微机系统的总线	
15	补码运算		29	微机系统总线的方向	
16	有符号数的溢出		31	内存单元及其地址	

二维码索引

（续）

页码	名称	图形	页码	名称	图形
32	内存单元中多字节的存放		50	标志寄存器	
32	内存读		55	物理地址计算	
32	内存写		59	指令的构成	
43	CPU 的最小工作模式		69	PUSH 和 POP 指令	
44	关于复用		75	加法指令举例	
46	8088 内部结构		137	总线周期	
49	堆栈		156	译码器的使用	

V

目 录

前言

二维码索引

绪论 ··· 1
 思考与练习 ··· 4

单元 1 二进制认知 ·· 5
 1.1 常用计数制 ··· 8
 1.2 进位计数制 ··· 9
 1.3 不同数制之间的转换 ··· 9
 1.4 无符号数和有符号数 ··· 13
 1.5 二进制数的逻辑运算 ··· 17
 1.6 二进制数的编码 ·· 22
 归纳总结 ·· 25
 思考与练习 ··· 25

单元 2 微机系统认知 ·· 27
 2.1 微型计算机系统的组成 ·· 28
 2.2 CPU ··· 29
 2.3 存储器 ·· 30
 2.4 I/O 设备与接口 ·· 33
 2.5 总线 ·· 33
 2.6 微机的工作过程 ·· 34
 2.7 冯·诺依曼计算机 ··· 34

目　录

　　2.8　改进计算机 ··· 35
　归纳总结 ··· 37
　思考与练习 ·· 37

单元 3　微处理器认知 ·· 39
　　3.1　微处理器的功能 ·· 42
　　3.2　工作模式 ·· 42
　　3.3　外部引脚 ·· 44
　　3.4　8088 CPU 内部结构 ·· 46
　　3.5　通用寄存器组 ··· 48
　　3.6　专用寄存器组 ··· 49
　归纳总结 ··· 51
　思考与练习 ·· 51

单元 4　实模式存储器寻址 ·· 53
　　4.1　内存的分段管理 ·· 54
　　4.2　物理地址的计算 ·· 55
　　4.3　逻辑地址的来源 ·· 56
　归纳总结 ··· 57
　思考与练习 ·· 57

单元 5　8086 指令系统 ·· 58
　　5.1　指令系统概述 ··· 59
　　5.2　操作数的分类 ··· 60
　　5.3　指令执行的时间 ·· 61
　　5.4　寻址方式 ·· 62
　　5.5　数据传送指令 ··· 68
　　5.6　算术运算指令 ··· 74
　　5.7　逻辑运算和移位指令 ··· 79
　　5.8　串操作指令 ·· 84
　　5.9　程序控制指令 ··· 86
　　5.10　处理器控制指令 ·· 91
　归纳总结 ··· 93
　思考与练习 ·· 94

单元 6　汇编语言程序设计 ·· 97
　　6.1　汇编语言概述 ··· 98
　　6.2　伪指令 ·· 104

VII

  6.3 系统功能调用 ………………………………………………………………… 110

  6.4 8086 汇编语言程序设计 ……………………………………………………… 113

  归纳总结 ……………………………………………………………………………… 133

  思考与练习 …………………………………………………………………………… 134

单元 7 总线 …………………………………………………………………… 136

  7.1 总线周期 …………………………………………………………………… 137

  7.2 总线的分类 ………………………………………………………………… 138

  7.3 总线的结构 ………………………………………………………………… 142

  7.4 总线的性能指标 …………………………………………………………… 143

  归纳总结 ……………………………………………………………………………… 145

  思考与练习 …………………………………………………………………………… 145

单元 8 存储器系统认知 ………………………………………………………… 146

  8.1 半导体存储器概述 ………………………………………………………… 147

  8.2 存储器系统概述 …………………………………………………………… 149

  8.3 存储单元编址 ……………………………………………………………… 151

  8.4 随机存取存储器 …………………………………………………………… 152

  8.5 只读存储器 ………………………………………………………………… 162

  8.6 存储器扩展 ………………………………………………………………… 165

  归纳总结 ……………………………………………………………………………… 168

  思考与练习 …………………………………………………………………………… 169

附录 任务书 ………………………………………………………………………… 170

参考文献 ……………………………………………………………………………………… 182

绪 论

学习目标

● **知识目标**
1. 掌握本课程的研究对象；
2. 了解本课程的研究内容。

● **能力目标**
能够了解未来所从事行业的关键设备是否为微型计算机的一种。

● **素质目标**
1. 了解《"十四五"智能制造发展规划》内容，为把我国建设成为制造强国而努力；
2. 掌握从整体到局部处理问题的方法。

学习重难点

1. 了解学习本课程的意义；
2. 了解微型计算机的功能。

知识准备

1. 本课程的研究对象

本课程的研究对象是微型计算机。从 1946 年 2 月 15 日世界上第一台通用电子数字积分计算机"埃尼阿克（ENIAC）"在美国研制成功至今，计算机技术已经取得了长足的进步。如今，个人计算机已经进入了千家万户，成为人们办公和学习的必备工具。有了个人计算机，人们可以使用办公软件编辑文本，可以使用应用软件编写程序，可以上网浏览信息，还可以存储、查阅文件等。从这些常用的功能可见，计算机具有处理信息、与外界通信和信息存储的能力。这些都是本课程将要讨论的问题。由此，微型计算机其实就是指体积比较小的计算机，大家可以参照身边的计算机实体来学习这门课程，可以让抽象的知识变得具体，更容易理解。

  微型计算机（以下简称"微机"）在各行各业都有不同的形态，因此，对本课程的学习不应该局限于计算机，而应该拓展到所有具有核心处理芯片、具有一定的存储能力且具有接口能够跟外部设备进行信息交互的电子设备。例如，在工业场景中常见的工控机，或可编程逻辑控制器。这些设备就具有微型计算机的功能，包括信息处理能力、存储信息能力和提供与外界交互信息的接口等。随着技术的不断发展，未来一定会出现越来越多的智能设备，只要它们具有上述的三个功能，就可以把它们看成是微型计算机的一种存在形式，应用本课程学习的内容去理解和掌握它。因此，学习本课程有利于大家去学习和使用更多的智能设备。

  发展智能制造，对于加快发展现代产业体系，巩固壮大实体经济根基，构建新发展格局，建设数字中国具有重要意义。2021年12月，工信部联合国家发展改革委、教育部、科技部等部门发布了《"十四五"智能制造发展规划》，规划明确了通过"两步走"，加快推动生产方式变革。一是到2025年，规模以上制造业企业基本普及数字化，重点行业骨干企业初步实现智能转型；二是到2035年，规模以上制造业企业全面普及数字化，骨干企业基本实现智能转型。在重点行业实现智能化一定离不开先进智能装备的应用，如工业机器人、智能视觉装备、PLC等。希望本课程的学习对学生后续学习其他智能装备或智能设备有所帮助。

  本课程还涉及汇编语言的学习，它是最贴近计算机底层运行逻辑的语言，主要讲解计算机的处理器是如何将数据搬进搬出以实现想要的功能。它的难点是设计数据处理的逻辑，这也是对学生逻辑思维的练习，是学生学习其他高级语言的基础。如果能将汇编语言学好，那么在学习其他高级语言或PLC梯形图语言时会更加便捷。

2. 本课程的研究内容、性质与任务

（1）本课程的研究内容

  本课程由浅入深地讲解微型计算机的关键技术。从内容上看，主要分为硬件和软件两个维度，包括8个单元。

  单元1主要介绍数制的概念。无论是二进制数还是十六进制数，它们都遵循进位计数制的基本规律。掌握了数制的概念，学生就可以理解二进制数或十六进制数的计算规律。那为什么要掌握二进制数呢？因为它是计算机处理的数据，无论给计算机输入多么复杂庞大的十进制数，在计算机内部，这个数都要被转换成二进制数才能计算。无论给计算机输入是多么复杂的程序，在计算机内部，这个程序都要被转换成二进制编码才会被执行。所以，二进制在计算机中是不是很重要？它是学习其他内容的基础。因此，在本书的第一个单元就先把二进制讲清楚。

  单元2主要介绍微机系统。所谓微机系统，是指微型计算机系统。先从整体的角度介绍本课程研究的目标，主要内容包括：微型计算机由哪些部件构成，各个部件的主要功能是什么等。这就好比要了解一片森林，先站在一片森林的外面宏观地看一下这片森林，或者先俯瞰总览一下这片森林，看看它有几部分。然后再走进森林，逐个部分地去了解。这就是从整体到局部的方式，学生可以应用这种方式去学习和掌握未知的设备。

  单元3主要介绍微处理器。它是微型计算机中最核心的部件，如果将微型计算机比作人体，那么，微处理器就是人体的大脑。它是计算数据、处理信息的核心，也是决定微型计算机性能的关键。一般情况下，微处理器的性能越好，微型计算机的整体性能也会越好。但是，价格也会相应提升。那么，是不是要介绍最先进的微处理器呢？不是，本书介绍的对象是 Intel8088、Intel8086 芯片。之所以介绍这两款芯片，原因有两个：第一，越先进的微处理器芯片，其结构越复杂，不适合初学者学习。我们选择的 Intel8088、Intel8086 芯片内部结构简单，比较适合初学者学习微处理器芯片的内部构造，掌握微处理器的工作模式和工作过程。第二，虽然越先进的微处理器芯片结构越复杂，但是它们设计的初始蓝图还是跟 Intel8088、Intel8086 一致，只是内部处理数据的方式多了，芯片体积越来越小了，内部工艺越来越复杂了。而这些工艺的提升不是本课程要讨论的内容，因此，这里选择更简单的芯片进行讲解。

单元 4~单元 6 是汇编语言编程相关的内容。它们分别针对寻址、指令系统和程序设计进行讲解。这些内容主要针对微型计算机的软件方面进行介绍。本书将使用相关的编程软件，带领大家一起从基本指令学起，直到写出复杂的程序。如果你学习过其他高级语言，会发现要实现相同的功能，使用高级语言要比使用汇编语言简单很多。那么，为什么还要学习汇编语言这种低级语言呢？其实，汇编语言之所以被称为低级语言，是因为它相比高级语言更贴近计算机的底层逻辑。你能够清楚地看到数据在微处理器与存储器之间的运转、计算、搬移和存储。如果程序出错或计算结果不对，通过逐条语句的执行，能够快速发现问题所在。而这些内容在高级编程语言中都被包含在一条语句中执行，没有细节的呈现，只有计算结果对或错。这就是为什么绝大多数学生第一次学习高级语言时，当程序出错或结果不对时，也很难确定问题的原因。基于以上分析，强烈建议在学习高级语言之前，先从汇编语言这种低级语言入手去学习。当了解了计算机底层的逻辑，再去学习其他语言时，套用这种逻辑，能够让你在分析问题时思维更清晰，逻辑更顺畅。

单元 7 和单元 8 分别讲解微型计算机的另外两个硬件部件——总线和存储器。如果把微处理器看成一个加工厂，那么存储器就是这个工厂外面建立的仓库，这个仓库的体积可以比工厂大好多好多倍，而总线就是连接工厂和仓库的道路。每天都有运输的车辆从仓库中取加工原料送到工厂，再从工厂取加工的成品运回仓库。这里所说的加工原料和成品在微型计算机中就是指数据。加工原料是给微型计算机输入的数据，加工的成品是微型计算机计算完成后输出的数据。这里只是简单举个例子，总线和存储器的功能远不止这些，请学生认真学习这两个单元的内容。

（2）本课程的性质与任务

本课程是一门理论和实践都很强的专业基础课，是学习后续专业课程或解决工程实际问题的必备基础。

通过本课程的学习，学生应达到：

1）掌握微型计算机的构造及每个部件的功能；
2）掌握微处理器的内部结构及微处理器的工作原理；
3）掌握二进制数的表示、计算和编码方式；
4）掌握实模式寻址的方法；
5）掌握 8086 指令系统，能够基于项目要求编写汇编语言源程序；
6）掌握总线的分类和功能；
7）掌握存储器的分类和功能。

（3）本课程的学习方法

鉴于本课程的理论性较强，对学生的逻辑思维能力要求比较高，建议学生在学习本课程时注意以下几点。

1）在学习二进制内容时，要多做练习，自己动手计算。在练习上，你下了多少功夫，就会有多少收获，千万不要偷懒。

2）对于汇编语言内容的学习，学生要多上机练习。上机练习之前，养成先画流程图的习惯，然后再用具体的编程语言实现每一步的逻辑。通过上机练习才能验证程序是否正确，切忌只思考不实践。

3）本书是立体化教材，书中理论内容都配备了二维码，学生在学习时可通过扫码观看视频，再结合自己的理解来加深印象。

4）书中部分内容比较抽象难以理解，请学生利用好几个工具：一是你身边的计算机。它是你能获得的微型计算机实体，结合实体去学习，让抽象的内容具体化，有助于对知识的理解。二是本书中配套的动画资源。对于数据处理部分的内容，是纯粹抽象的理论，这时你可以扫描书中的二维码观看动画，相信这些内容能够帮助到你。三是网络资源。现在网络资源极其发达，网络上有很好的课程资源。学生要善于利用各种工具达到学会弄懂的目的。

5）本课程建设了在线课程（智慧职教），对于课程内容学习方面的问题可以在智慧职教MOOC平台上跟本书作者进行线上交流和互动。希望通过我们共同的努力，让这门课程内容更完善，更有利于学习。

下面就让我们一起开启微型计算机之旅吧。

思考与练习

1. 以你常用的微型计算机为例，说说它由哪些部分构成？每个部分的主要功能是什么？

2. 请举例说明一部具有微型计算机形式的设备，它由哪几个部分组成？各部分的作用是什么？

3. 你知道哪些在工业场景下应用的智能设备？你认为它们也是微型计算机的一种表现形式吗？

单元 1

二进制认知

学习目标

● **知识目标**
1. 掌握常用计数制的表示方法；
2. 掌握常用计数制之间的转换方法；
3. 掌握无符号数和有符号数的表示方法；
4. 掌握 74LS138 译码器的译码方法；
5. 了解 BCD 码和 ASCII 码的编码方法。

● **能力目标**
1. 能够正确进行二进制、十进制和十六进制之间的转换；
2. 能够正确进行无符号数和有符号数的算术运算；
3. 能够正确进行二进制数的逻辑运算。

● **素质目标**
1. 中国珠算体现了中国的文化与智慧，以此培养学生的文化自信和民族自豪感；
2. 掌握理论联系实际的学习方法，在生活中多学习和使用所学内容。

学习重难点

1. 无符号数的溢出；
2. 有符号数的补码；
3. 74LS138 译码器的译码过程。

学习背景

微型计算机 IP 地址和 MAC 地址的使用规则说明如下。

MAC 地址也称为物理地址、硬件地址，由网络设备厂家直接烧录在网卡上，理论上

MAC 地址是唯一的，但因为 MAC 地址可以通过程序修改，所以也有可能出现重复。

互联网上每台设备都规定了唯一的地址，这个地址称为 IP 地址。有了这个唯一的地址，就能保证用户高效地找到自己想要通信的设备。

IP 地址与 MAC 地址在计算机里都是以二进制的形式表示的，IP 地址是 32 位的二进制数，MAC 地址是 48 位的二进制数。

为了更容易识别，IP 地址通常用"点分十进制"表示成（a.b.c.d）的形式，其中，a、b、c、d 都是 0~255 之间的十进制整数。例如，100.41.53.106。

MAC 地址通常表示为 12 个 16 进制数，例如，00-16-EA-AE-3C-40。其中，前三个字节"00-16-EA"代表网络硬件制造商的编号，它由 IEEE（电气与电子工程师协会）分配，后三个字节"AE-3C-40"代表该制造商所制造的某个网络产品（如网卡）的系列号。

学习要求

请按如下要求对 IP 地址和 MAC 地址数据进行进制之间的转换。

1）将下列地址转化成十进制和十六进制。

IP 地址：11000000.10101000.00001010.00000101

十六进制：

十进制：

MAC 地址：10110000.01101110.10111111.11000100.00001110.11110101

十六进制：

十进制：

2）查看你的计算机 IP 地址，将它转换成二进制和十六进制。

IP 地址是（十进制）：

二进制：

十六进制：

查看微型计算机 IP 地址的方法请扫描二维码。

第一步：打开微型计算机"网络和 Internet"设置，如图 1-1 所示。

查看计算机 IP

图 1-1　打开"网络和 Internet"设置

单元1　二进制认知

第二步：打开以太网属性选项卡，如图1-2所示。

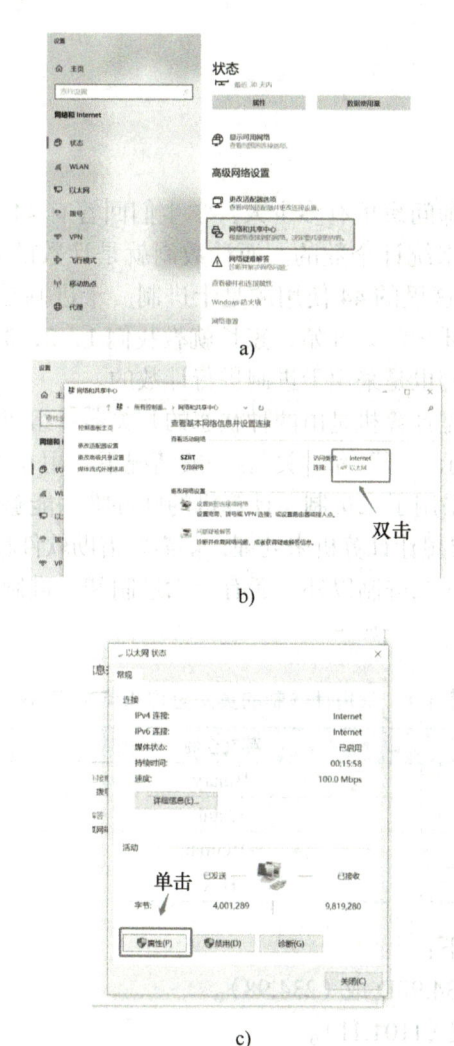

a)

b)

c)

图1-2　打开以太网属性选项卡

第三步：找到IPv4选项，查看IP，如图1-3所示。

图1-3　查看IP

知识准备

1.1 常用计数制

什么是计数？比如，老师问班里有多少人？学生们回答有 44 人。这里的 44 就是计数，它是用来统计个数的。而计数制就是计数的表示方法。比如，班里有 44 人，这里的 44 使用的是十进制。十进制是人们最常用的计数方法，从我们牙牙学语开始，家长就教我们 1，2，3，…这样去数数，日常生活中人们也是采用十进制进行计数的。

常用计数制的表示

但是计算机是由两种状态的开关器件组成的，两种状态的开关器件能够表示"开"和"关"。一般情况下，用 0 和 1 分别表示这两种状态，这就是二进制。计算机就是采用了二进制，计算机的硬件唯一能够识别的也只有二进制。任何其他的计数制和各种信息要想让计算机来处理，都需要借助软件将其转换成二进制。

常用计数制除了十进制和二进制以外，还有十六进制和八进制。它们的英文全称和英文简写见表 1-1。

表 1-1 常用计数制的英文全称和英文简写

计数制	英文全称	英文简写
二进制	Binary	B
八进制	Octal	O
十进制	Decimal	D
十六进制	Hex	H

各种进制的表示方法如下：
1）十进制：234.98 或 234.98D 或（234.98）$_D$
2）二进制：1101.11B 或（1101.11）$_B$
3）八进制：271.54O 或（271.54）$_O$
4）十六进制：ABCD.BFH 或（ABCD.BF）$_H$

简单来说，就是两种方式：1）数字 + 计数制的英文简写；2）（数字）$_{计数制的英文简写}$。这两种方式都可以有效地表示计数值。

> **特别提醒**：如果数字的后面没有任何计数制的英文简写，那么默认这个数字是十进制数。

因此如果数字不是用十进制表示的，一定要记得将计数制的英文简写标在数字的后面。

各种进制都有各自的应用场合。十进制是人们日常生活中最常用的，二进制是计算机常用的表示方法。但是用二进制表示比较大的数时不够方便。因而，为了更方便地表示、书写及识别二进制数，引入了八进制和十六进制。

【例 1-1】 分别用二进制和十六进制表示（100000）$_D$。

如果用二进制表示十进制数字 100000，那么结果是 11000011010100000。如果用十六进制表示十进制的数字 100000，那么结果是 186A0，即十六进制只需要五位就可以表示二进制 17 位数字，如图 1-4 所示。可见，十六进制无论是书写起来还是识别起来都比二进制容易得多。

二进制中的位，也被称为比特，英文写成 bit。所以，17 位二进制数也称这个二进制数有 17 个比特。

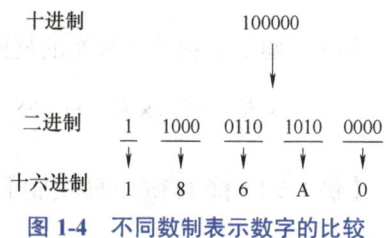

图 1-4　不同数制表示数字的比较

1.2　进位计数制

无论是二进制、八进制、十进制还是十六进制，都是进位计数制。进位计数制是按"逢几进一"的原则进行计数的，如二进制就是"逢二进一"，八进制就是"逢八进一"，十进制就是"逢十进一"，而十六进制就是"逢十六进一"。它们的共同点如下。

1）都使用位置表示法。即由低位到高位，表示数字从小到大。

2）都具有两个要素：位权（S）和基数（K）。数字中每一个固定的位置对应的数值称为位权，用 S 表示。基数就是逢几进一的那个"几"。例如，二进制是逢二进一，它的基数就是 2，用 K 表示。

有了位权和基数，就可以表示任意进位计数制第 i 位上数值对应于十进制的大小。规则如下所示：

$$S_i \times K^i \tag{1-1}$$

我们规定对于任意进位计数制，由右向左分别是它的第 0 位、第 1 位、第 2 位…，如图 1-5 所示。因此，由右向左 i 分别等于 0，1，2…。根据式（1-1），第 i 位上数值对应于十进制的值如图 1-5 所示。

【例 1-2】（80）$_H$ 各位上数值对应的十进制数值分别是多少？

根据式（1-1），计算结果如图 1-6 所示。

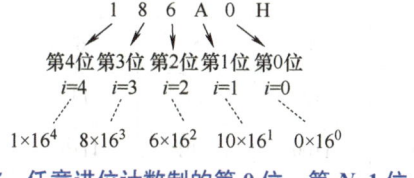

图 1-5　任意进位计数制的第 0 位~第 $N-1$ 位

图 1-6　例 1-2 计算过程

1.3　不同数制之间的转换

1.3.1　其他数制转成十进制

转换规则：将各个位置上数值用位权和基数表示成十进制数，再将所有位置上的数按十进制求和。

对于某进位计数制的数，假设它有 n 个整数位，m 个小数位，即

$$S_{n-1}S_{n-2}\cdots S_0 S_{-1}S_{-2}\cdots S_{-m} \tag{1-2}$$

那么，将其转换成十进制的规则可表示如下：

$$S_{n-1}\times K^{n-1}+S_{n-2}\times K^{n-2}+\cdots+S_0\times K^0+S_{-1}\times K^{-1}+S_{-2}\times K^{-2}+\cdots+S_{-m}\times K^{-m}=\sum_{i=-m}^{n-1}S_i\times K^i \tag{1-3}$$

【例 1-3】 将 3436.12 转换成十进制。

对于十进制来说，式（1-3）中的 $K=10$，整数部分有 4 位，小数部分有两位。代入到式（1-3）中，有

$$3\times 10^3+4\times 10^2+3\times 10^1+6\times 10^0+1\times 10^{-1}+2\times 10^{-2}=3436.12$$

【例 1-4】 将 1001.01B 转换成十进制。

对于二进制来说，式（1-3）中的 $K=2$，整数部分有 4 位，小数部分有两位。代入到式（1-3）中，有

$$1\times 2^3+0\times 2^2+0\times 2^1+1\times 2^0+0\times 2^{-1}+1\times 2^{-2}=9.25$$

【例 1-5】 将 FA.8H 转换成十进制。

对于十六进制来说，式（1-3）中的 $K=16$，整数部分有两位，小数部分有 1 位，代入到式（1-3）中，有

$$15\times 16^1+10\times 16^0+8\times 16^{-1}=250.5$$

1.3.2 二进制转成十六进制

十六进制数与十进制数和二进制数的对应关系见表 1-2。

表 1-2 十六进制数与十进制数和二进制数的对应关系

十进制	0	1	2	3	4	5	6	7
二进制	0000	0001	0010	0011	0100	0101	0110	0111
十六进制	0	1	2	3	4	5	6	7
十进制	8	9	10	11	12	13	14	15
二进制	1000	1001	1010	1011	1100	1101	1110	1111
十六进制	8	9	A	B	C	D	E	F

可见，每 4 位二进制数可以转换成 1 位十六进制数。因此，将二进制数转换成十六进制数的过程可以总结为：以小数点为起始点，向左看，每 4 位一组，每组转换成一位十六进制数，当不够 4 位时，在最左边补 0 凑成 4 位；向右看，每 4 位一组，每组转换成一位十六进制数，当不够 4 位时，在最右边补 0 凑成 4 位。

【例 1-6】 将 1111000001.101001B 转换成十六进制。

如图 1-7 所示，以小数点为起点，先转换整数部分。整数部分在小数点的左边，向左每四位组成一组：0001 组成一组，1100 组成一组，最后剩 11 不够四位，那么就在 11 的左边再补充两个 0 使其凑成一组。分好组以后，可以通过查表 1-2 求出每一组对应的十六进制数。**注意**：在整数部分的最高位前面补 0 不会改变数值的大小，因此要在整数部分的最左边补 0。

$$\underline{0011}\ \underline{1100}\ \underline{0001}.\underline{1010}\ \underline{0100}\ B$$
$$\ \ 3\ \ \ \ \ \ C\ \ \ \ \ \ 1\ \ .\ \ A\ \ \ \ \ \ 4\ \ H$$

图 1-7 二进制数转换成十六进制数的过程

下面转换小数部分。小数部分在小数点的右边，向右每四位组成一组：1010 组成一组，最后剩 01 不够四位，那么就在 01 的右边补充两个 0 使其凑成一组。分好组以后，可以通过查表 1-2 求出每一组对应的十六进制数。**注意**：在小数部分的最低位的后面补 0 不会改变数值的大小，因此要在小数部分的最右边补 0。

1.3.3 十六进制转成二进制

十六进制转换成二进制的过程：以小数点为起点，先向左看，将每一位十六进制的数通过查表 1-2 转换成对应的二进制数；再向右看，将每一位十六进制数通过查表 1-2 转换成对应的二进制数即可。

【例 1-7】 将 FEE.05H 转换成二进制。

转换过程如图 1-8 所示。以小数点为起点，先向左看，将 E、E、F 分别转换成二进制的形式。再向右看，将 0、5 分别转换成二进制的形式。最终转换的结果为 111111101110.00000101B。

$$F\ E\ E\ .\ 0\ 5\ H$$
$$1111\ 1110\ 1110.0000\ 0101\ B$$

图 1-8 十六进制数转换成二进制数的过程

1.3.4 十进制转成二进制

将十进制转换成二进制要将整数部分和小数部分分别转换，因为它们的规则是不一样的。

1）整数部分的转换规则：将整数部分除二取余，直到商为零为止。由先到后获得的余数分别对应着二进制整数部分的低位到高位。

【例 1-8】 将 254 转换成二进制。

转换过程如图 1-9 所示。

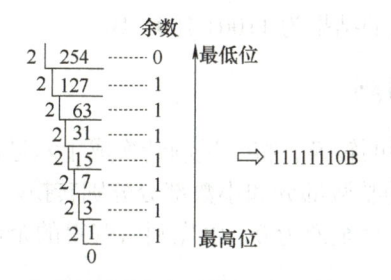

```
        余数
2 | 254 ······ 0    最低位
2 | 127 ······ 1
2 |  63 ······ 1
2 |  31 ······ 1        ⇒ 11111110B
2 |  15 ······ 1
2 |   7 ······ 1
2 |   3 ······ 1
2 |   1 ······ 1    最高位
      0
```

图 1-9 十进制数整数部分转换成二进制数的过程

十进制转二进制

2）小数部分的转换规则：对小数部分乘二取整，直到小数部分为零或者达到了要求的精度。由先到后获得的整数分别对应着二进制小数部分的高位到低位。

【例 1-9】 将 0.125 转换成二进制。

转换过程如图 1-10 所示。

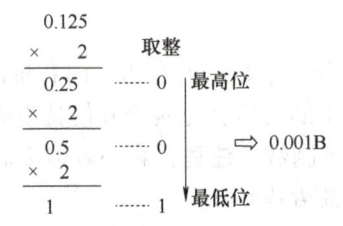

图 1-10　十进制数小数部分转换成二进制数的过程

【例 1-10】 将 25.6 转换成二进制（精确到小数点后 5 位）。

当要转换成二进制的十进制数既包括整数也包括小数时，就需要分开转换。先转换整数部分。根据整数部分的转换规则，计算过程如图 1-11a 所示。

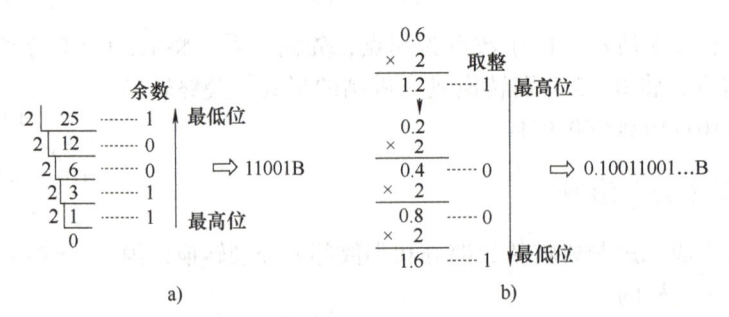

图 1-11　十进制数转换成二进制数的过程

可见，25 转换后的二进制数为 11001B。

再转换小数部分。根据小数部分的转换规则，计算过程如图 1-11b 所示。可见，0.6 的二进制数是循环小数，以 1001 循环。因此，0.6 无法用二进制小数精确地表示。由于题目中要求精确到小数点后 5 位，那么 0.6 的二进制表达的结果为 0.10011B。

综上，25.6 转换成二进制的结果为 11001.10011B。

1.3.5　十进制转成十六进制

结合前面学过的进制之间的转换，将十进制转换成十六进制有两种方案。

【方案一】 将十进制数的整数部分和小数部分分别转换。

1）整数部分除 16 取余，直至商为 0。由先到后获得的余数分别对应着十六进制整数部分的低位到高位。

2）小数部分乘 16 取整，直至小数部分为 0，或者达到了期望的精度。由先到后获得的整数分别对应着十六进制小数部分的高位到低位。

【例1-11】将52.8转换成十六进制。

先转换整数部分。根据整数部分的转换规则，计算过程如图1-12a所示。

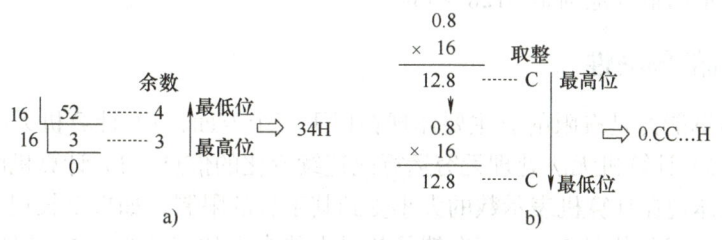

图1-12 十进制数转换成十六进制数的过程

可见，52转换后的十六进制数为34H。再转换小数部分。根据小数部分的转换规则，计算过程如图1-12b所示。可见，0.8的十六进制表示是0.CCH。综上，52.8转换成十六进制的结果为34.CCH。

从上述计算的过程可以看出，无论是整数部分的转换还是小数部分的转换，都涉及跟16的运算。由于对16的运算不像对2的运算那么简单和快速，因此还可以采用第二种方案。

【方案二】先将十进制转换成二进制，再将二进制转换成十六进制。

【例1-12】将52.8转换成十六进制数。

根据十进制转换成二进制的规则，52转换成二进制的结果为110100B。将110100B进一步转换成十六进制数的结果为34H。0.8转换成二进制的结果为0.11001100。将0.11001100进一步转换成十六进制数的结果为0.CCH。因此，52.8转化成十六进制数的结果为34.CCH。

1.4 无符号数和有符号数

1.4.1 定义

从数的性质上，可将二进制数分为无符号二进制数和有符号二进制数（为了简化叙述，以下简称无符号数和有符号数）。

无符号数只表示非负数，即数字中所有的0和1都用来表示数据。各种编码大多数都采用无符号数来表示。

有符号数可以表示正数、0或者负数。当需要进行四则混合运算时，须使用有符号数表示数字的正负。通常，用最高位的数字表示符号位，"0"表示正数或0，"1"表示负数。

【例1-13】8位无符号数和有符号数的差别。

假设规定用8个位表示一个二进制数。

1) 如果用它表示无符号数，那么8个位全都表示数值。如果进一步规定这8个位都是整数部分的话，那么当 8 个位都是 0 时，它表示的数最小，为 0；当 8 个位都是 1 时，它表示的数最大，为 255。

2）如果用它表示有符号数，并且用最高位表示符号，那么可供表示数值的就只有后面七位。它能够表示的整数范围是 -128 ~ +127。

1.4.2 计算机的局限性

计算机的运算能力是有限的。主要体现在以下三个方面：1）计算机无法解决不能设计出算法的问题；2）计算机无法处理无穷运算或连续变化的信息；3）计算机能够表示的数是有限的，这主要体现在计算机表示数的大小受到其字长的限制，如果字长规定为 8 位，那么无符号数最大能表示的值是 255，而有符号数最大能表示的正数为 127，当运算结果超出这个值时，就会产生溢出，通常认为溢出会导致错误，因此在计算过程中应尽量避免溢出。

1.4.3 无符号二进制数的算术运算

虽然二进制数的算术运算包括加减乘除，但在微机中通常只有做加法的硬件电路，其他三种算术运算均可以通过加法电路来完成。例如，减法可以通过正数加上负数的形式计算；乘法可以通过加法运算和移位运算来实现；除法运算可以通过减法运算和移位运算来实现。

> **特别提醒**：加法运算要注意是否有进位；减法运算要注意是否有借位；乘法运算结果通常要比两个乘数中的任意一个大，因此要用更长的字长来存储乘积；除法运算的结果有商和余数要分别存储。

1.4.4 无符号二进制数的溢出

n 位无符号二进制整数的取值范围是 $0 \sim 2^n-1$。当 $n=8$ 时，无符号二进制整数的取值范围是 0 ~ 255。一旦运算结果超出了这个范围，就会产生溢出，体现在运算结果上就是错误，所以一定要重点关注。

判断无符号二进制数的运算结果是否溢出的方法，是看最高位是否有向更高位的进位或借位，一旦有就可能产生溢出。

无符号数的溢出

1.4.5 有符号二进制数的表示

对于有符号二进制数来说，其最高位为 0 时，表示正数或 0；其最高位为 1 时，表示负数。例如，10010011B 这个数，如果为无符号数，它对应的十进制数是 147；如果为有符号数，它对应的十进制数是 -109。

通常表示有符号数有三种方法：原码、反码和补码。其中，补码是微机中真正使用的方法。

1）原码。原码的表示方法是最高位为符号位，其余位为真值，即数值的绝对值。

【例 1-14】 求 +100 的原码。

首先，+100 是正的，因此它的符号位为 0，即最高位为 0。其次，根据十进制转换二进制的方法，可计算得到 100 转换成二进制的结果是 1100100B。因此，+100 的原码是 01100100B。

直观上，原码表示方法非常简单，就是符号位和绝对值，因此它也很容易理解。但是，它应用起来却十分困难。例如，使用原码计算两个数的减法是不能直接运算的，要先判断两个数的绝对值大小及它们的符号，再决定运算结果的符号和大小。它还有一个缺点就是对 0 的表示不唯一。

【例 1-15】 求 0 的原码。

+0 的原码：0 0000000B。

−0 的原码：1 0000000B。

可见，原码对 0 的表示不唯一。由于"0"是所有计算的基准，一旦 0 不唯一，就会引起很多麻烦。

2）反码。计算一个数的反码之前，首先要看它的符号：如果是正数，那么反码就等于原码；如果是负数，那么反码为保持原码的符号位不变，其余部分按位取反。

【例 1-16】 求 −100 的反码。

先求 −100 的原码。由于 −100 是负数，因此它的符号位为 1，即最高位为 1。由【例 1-14】可知，100 转换成二进制数是 1100100B。因此，−100 的原码是 11100100B。

再求 −100 的反码。保持符号位不变，将其余部分按位取反，得到 10011011B。

【例 1-17】 求 0 的反码。

+0 的反码：0 0000000B。

−0 的反码：1 1111111B。

可见，反码对"0"的表示也不唯一。

3）补码。计算一个数的补码之前，首先要看它的符号：如果是正数，那么补码等于反码，等于原码；如果是负数，那么补码等于反码加 1。

补码运算

【例 1-18】 求 −100 的补码。

根据补码的计算规则，可知 −100 的补码等于 −100 的反码加 1。由【例 1-16】可知，−100 的反码等于 10011011B。因此 −100 的补码等于 10011100B。

补码有两个优点：1）它可以将减法运算转换成加法运算，例如，$x-y$ 利用补码可以转换成 $x+(-y)$；2）对"0"的表示唯一。

【例 1-19】 求 0 的补码。

根据【例 1-17】的计算结果可得

+0 的补码：0 0000000B。

−0 的补码：1 1111111B + 1B = 1 00000000B。

可见，补码利用了溢出的特性解决了对"0"的表示不唯一的问题。

将二进制补码转换成十进制数。首先，看数值的符号位。如果符号位为"0"，直接将它转换成十进制数即可；如果符号位为"1"，将其转换成它的补码，即 $[[x]_\text{补}]_\text{补} = x$ 本身。

【例 1-20】 求 01110100B 对应的十进制数。

根据转换规则,首先看 01110100B 的符号位为 "0",说明它是正数。其次,直接将它转换成十进制数,有

$$2^6+2^5+2^4+2^2=116$$

【例 1-21】 求 10011100B 对应的十进制数。

根据转换规则,首先看 10011100B 的符号位为 "1",说明它是负数。那么保持 10011100B 的符号位不变,其他位按位取反再加 1,得到 11100100B。这是原码,经过转换发现它的十进制数是 –100。

在现代计算机系统进行程序设计时,可以直接输入负数,如 "–3",编译系统会将它转换成补码。通常,8bit 表示一个字节的长度。使用原码,一个字节表示的数值范围是 –127～+127;使用反码,一个字节表示的数值范围是 –127～+127;使用补码,一个字节表示的数值范围是 –128～+127。

1.4.6 有符号二进制数的算术运算

有符号数在运算过程中也可能会产生溢出。当两个有符号数相加或相减时,如果运算结果超出了其可表示的范围,就会产生溢出。有符号数运算溢出的判断方法:看最高位的进位状态与次高位的进位状态,如果不一致就溢出。包括以下两种情况。

1)最高位有进位,而次高位无进位。这种情况说明两个负数相加后结果为正,因此会产生错误。

2)最高位没有进位,次高位有进位。这种情况说明两个正数相加后结果为负,因此也会产生错误。

【例 1-22】 求 10011100B + 10011100B = ?

如图 1-13 所示,可以看出最高位有进位,而次高位无进位,符合上述第一种情况。但是,运算的结果显示 –100+(–100) = 56。这个结果是错误的,究其原因就是 –200 超过了 8bit 能表示的范围,即产生了溢出。

```
            最 次
            高 高
            位 位
            ↓ ↓
      1 0 0 1 1 1 0 0   = –100D
   +  1 0 0 1 1 1 0 0   = –100D
   CF⇐ 1 0 0 1 1 1 0 0 0  = 56D
```

图 1-13 【例 1-22】计算过程

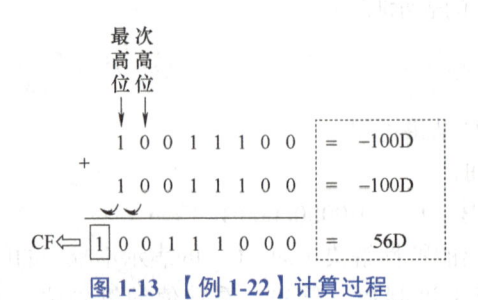

【例 1-23】 求 01100100B + 01100100B = ?

如图 1-14 所示，可以看出最高位无进位，而次高位有进位，符合上述第二种情况。但是，运算的结果显示 100+100 =–56。这个结果是错误的，究其原因就是 200 超过了 8bit 能表示的范围，即产生了溢出。

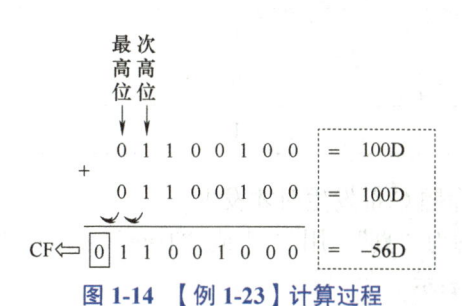

```
            最 次
            高 高
            位 位
            ↓ ↓
    +   0 1 1 0 0 1 0 0   = 100D
        0 1 1 0 0 1 0 0   = 100D
         ↙↙
    CF⇐ 0 1 1 0 0 1 0 0 0  = –56D
```

图 1-14 【例 1-23】计算过程

有趣的现象
为什么 –200 溢出后的值是 56，200 溢出后的值是 –56？

如图 1-15 所示，给图 1-15 所示的环起个名字，叫作 8 比特有符号数转换环。假设要用 8 比特表示 –200 会遇到什么现象呢？8bit 能表示的最小负数是 –128（如图中黑色三角所指示的位置），那么如果再继续减 1 的话会沿图中实心箭头所示的方向变化，于是值变成了 127。我们来计算一下，从 –128 到 –200 还要再减 72 次，那么从 127 出发还要再减 71 次，于是得到的结果为 127–71=56。

同理，再来解释一下为什么用 8 比特表示 200 的结果是 –56。首先，8bit 能表示的最大正数是 127（如图中白色三角所指示的位置），如果再继续加 1 的话会沿图中空心箭头所示的方向变化，于是值变成了 –128。我们来计算一下，从 127 到 200 还要再加 73 次，那么从 –128 出发还要再加 72，于是得到的结果为 –128+72 =–56。

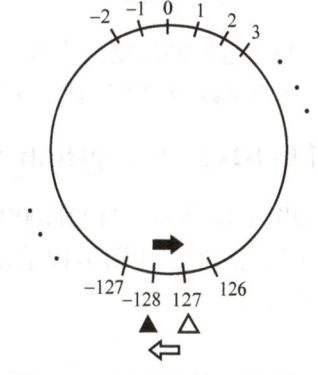

图 1-15 8 比特有符号数转换环

1.5 二进制数的逻辑运算

1.5.1 符号与命题

可以用符号来表示命题及其连接关系。例如，命题 A：小明既学过英语，也学过德语。令命题 B 为小明学过英语；命题 C 为小明学过德语。那么 A 意味着 B 和 C 同时发生。将其符号化为 B and C，即 B 和 C 同时发生。

也可以用逻辑关系真值表来表示两个命题之间的逻辑关系。例如，用 "0" 表示命题不发生，用 "1" 表示命题发生。那么，可以用表 1-3 所列逻辑关系真值表来表示命题 A 与命题 B 和命题 C 之间的关系。

表 1-3　逻辑关系真值表

命题 B	命题 C	命题 A
0	0	0
0	1	0
1	0	0
1	1	1

即命题 A 只有在命题 B 和命题 C 都发生时才发生。

当命题发生时，称命题为"真"，用"1"或"True"表示；当命题不发生时，称命题为"假"，用"0"或"False"表示。

无论是逻辑关系真值表还是符号，都是用来表示逻辑关系或逻辑运算的。算术运算与逻辑运算的差别在于，算术运算是两个数值之间的运算，低位运算结果可能会有进位或借位，因此可能会对高位产生影响。但逻辑运算是按位进行的运算，各个比特位上的运算结果不会对相邻的其他比特位产生影响。常用的简单逻辑运算包括与、或、非。简单逻辑运算的混合运算包括与非、异或和同或等。

1.5.2 "与"运算

"与"运算的规则：当输入条件全部为真时，输出结果才为真；否则，输出结果为假。"与"运算可以用"∧"或"·"表示。

【例 1-24】 求 11001100B ∧ 00110011B = ?

如图 1-16 所示。11001100B ∧ 00110011B 的运算结果为 00000000B。

与门电路通常用图 1-17 表示。图 1-17a 表示只有两个输入的情况，图 1-17b 表示有多个输入的情况。

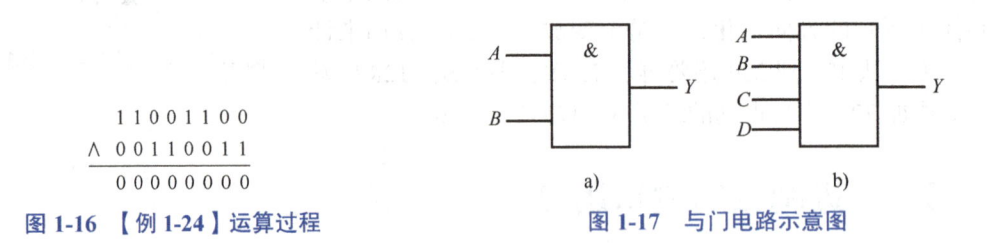

```
  11001100
∧ 00110011
----------
  00000000
```

图 1-16 【例 1-24】运算过程　　　　图 1-17　与门电路示意图

1.5.3 "或"运算

"或"运算的规则：当输入条件有一个为真时，输出结果为真；仅当输入条件全为假时，输出结果为假。"或"运算可以用"+"或"∨"表示。

【例 1-25】 求 11001100B ∨ 00110011B = ?

如图 1-18 所示。11001100B ∨ 00110011B 的运算结果为 11111111B。

在电路中，如果令开关闭合表示"1"，开关断开表示"0"，那么"或"运算相当于开关的并联电路，即当所有开关都断开时，电路中才没有电流通过，如图 1-19 所示。

或门电路通常用图 1-20 表示。图 1-20 表示只有两个输入的情况。

```
  11001100
∨ 00110011
  11111111
```

图 1-18　【例 1-25】运算过程　　　　图 1-19　开关并联电路　　　　图 1-20　或门电路示意图

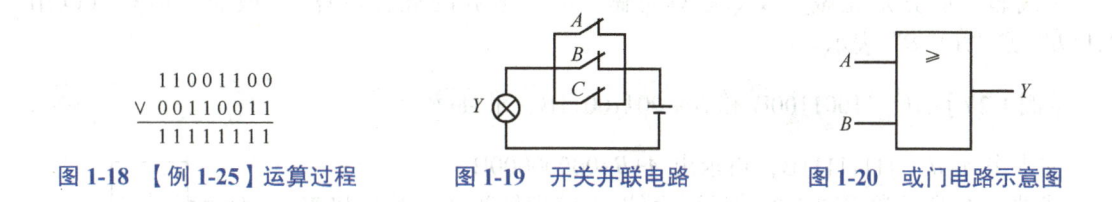

1.5.4　"非"运算

"非"运算的含义是当决定事件结果的条件满足时，事件不发生。它的运算规则：当输入条件为真时，输出结果为假；当输入条件为假时，输出结果为真。非运算属于单边运算，即只有一个输入的运算。"非"运算可以用"‾"表示。

非运算的电路表示如图 1-21 所示。

当开关断开时灯亮，当开关闭合时灯灭。

非门电路通常用图 1-22 表示。

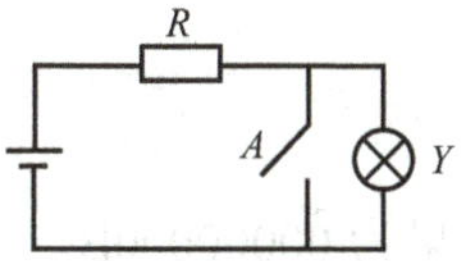

图 1-21　非运算电路 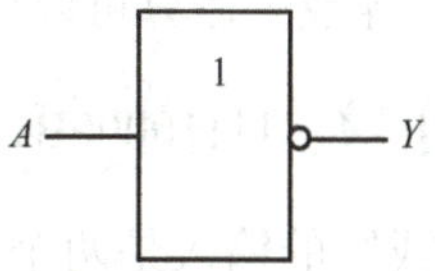　　　　　　　　图 1-22　非门电路示意图

1.5.5　屏蔽特性

当与门的输入端有一位为"0"时，其输出端一定为"0"，此时即使与门其余的输入端都为"1"，也无法改变输出端的值。这种现象被称为"屏蔽"或"封锁"特性，即与门输入端的任意一位的状态可以屏蔽其余位的状态，或与门输入端任意一位的状态可以封锁输出端的状态。

或门也具有这一特性。当输入端有一位为"1"时，其输出端一定为"1"，此时即使或门其余的输入端都为"0"，也无法改变输出端的值。

1.5.6　"与非"运算

"与非"运算是先做"与"运算再做"非"运算的混合运算。"与非"运算可以用"$\overline{A \cdot B}$"或"$\overline{A \wedge B}$"表示。

【例 1-26】　A = 11001100B 和 B = 00110011B，求 $\overline{A \cdot B}$ = ？

先求 $A \cdot B$ = 00000000B，再求 $\overline{A \cdot B}$ = 11111111B。

与非门电路通常用图 1-23 表示。

可以将其理解为与运算后接着进行非运算。

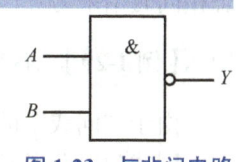

图 1-23　与非门电路

1.5.7 "或非"运算

"或非"运算是先做"或"运算再做"非"运算的混合运算。"或非"运算可以用 "$\overline{A+B}$" 或 "$\overline{A \vee B}$" 表示。

【例 1-27】 $A=11001100B$ 和 $B=00110011B$，求 $\overline{A+B}=$?

先求出 $A+B=11111111B$，再求出 $\overline{A+B}=00000000B$。

或非门电路通常用图 1-24 表示。可以将其理解为或运算后接着进行非运算。

与非门和或非门均为多输入单输出的门电路。

图 1-24　或非门电路

1.5.8 "异或"运算

"异或"运算是在"与""或""非"三种基本逻辑运算的基础上进行的混合运算。它的运算规则：两个输入状态相同时结果为"0"，不同时结果为"1"。还记得判断有符号数运算结果是否发生溢出的规则吗？其实就是最高位的进位状态和次高位的进位状态的异或运算。当运算结果为"1"时，说明有符号数运算结果发生溢出；否则，说明有符号数运算结果没有溢出。"异或"运算可以用"$A \oplus B$"表示。

【例 1-28】 $A=11110000B$，求 $A \oplus A=$?

由于"异或"的输入是两个完全相同的数，因此计算结果为 00000000B。

> **特别提醒**："异或"运算通常用于清空寄存器的值。例如，如下指令：
> 　　XOR　AX, AX
> 就是计算寄存器 AX 和 AX 的异或，目的就是将 AX 的内容清 0。

异或门电路通常用图 1-25 表示。

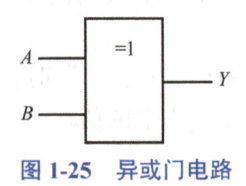

图 1-25　异或门电路

1.5.9 "同或"运算

"同或"运算是在"异或"运算后，接着进行"非"运算。它的运算规则：两个输入状态相同时结果为"1"，不同时结果为"0"。"同或"运算可以用"$\overline{A \oplus B}$"表示。

【例 1-29】 $A=11110000B$，$B=00001111B$，求 $\overline{A \oplus B}=$?

由于"同或"的输入是两个完全不相同的数，因此计算结果为 00000000B。

同或门电路通常用图 1-26 表示。

图 1-26　同或门电路

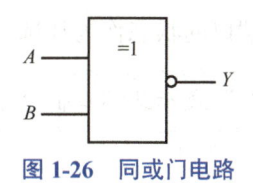

1.5.10　74LS138 译码器

74LS138 是 3 线 -8 线译码器，它的引脚分布如图 1-27 所示。

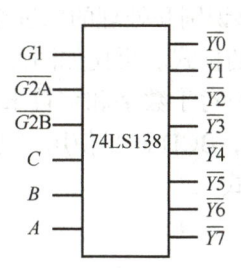

图 1-27　74LS138 引脚示意图

其中，$G1$，$\overline{G2A}$，$\overline{G2B}$ 是芯片的使能端，其中，$G1$ 是高电平有效，$\overline{G2A}$ 和 $\overline{G2B}$ 是低电平有效，即当 $G1$ 为高电平且 $\overline{G2A}$ 和 $\overline{G2B}$ 为低电平时，74LS138 才能工作。C、B、A 是三个输入端口，$\overline{Y0}$, ..., $\overline{Y7}$ 是 8 个输出端口。输入和输出端口的关系见表 1-4。

表 1-4　74LS138 输入和输出端口的关系

使能端			输入端			输出端							
G	$\overline{G2A}$	$\overline{G2B}$	C	B	A	$Y7$	$Y6$	$Y5$	$Y4$	$Y3$	$Y2$	$Y1$	$Y0$
1	0	0	0	0	0	1	1	1	1	1	1	1	0
1	0	0	0	0	1	1	1	1	1	1	1	0	1
1	0	0	0	1	0	1	1	1	1	1	0	1	1
1	0	0	0	1	1	1	1	1	1	0	1	1	1
1	0	0	1	0	0	1	1	1	0	1	1	1	1
1	0	0	1	0	1	1	1	0	1	1	1	1	1
1	0	0	1	1	0	1	0	1	1	1	1	1	1
1	0	0	1	1	1	0	1	1	1	1	1	1	1
非上述情况			×	×	×	1	1	1	1	1	1	1	1

可见，C、B、A 三个端口上的数值决定了究竟哪一个输出端口可以被选通。例如，当 $C=1$，$B=1$，$A=0$ 时，$\overline{Y6}$ 端口有效，即被选通，其他端口不被选通。仔细观察会发现，如果将 C、B、A 看成 3bit 的二进制数的高位到低位，那么输出端口的下标刚好是这个二进制数对应的十进制数的数值。

使用 74LS138 可以将三个输入端口的状态作为片选信号，决定后续电流的走向。

> **特别说明**：端口标有上画线"‾"表示此端口低电平有效。

1.6 二进制数的编码

"编码"是信息从一种形式或者格式转换为另一种形式的过程，主要是为了更便于让计算机处理信息。比如，要让计算机处理字符、音频、图形、图像以及视频等，都需要用编码的方式将这些信息转换成计算机能够识别和处理的二进制数才行。常见的音频文件的后缀有 mp3 或 wma，这些都属于音频编码的格式。再比如图像文件常见的后缀有 jpg 或 png，这些都属于图形图像压缩的编码方式。而对于数字和字符来说，计算机中常用的编码包括 BCD 码和 ASCII 码。其中，BCD 码是使用二进制编码表示十进制数，而 ASCII 码是西文字符的编码格式。

BCD 码

1.6.1 BCD 码

BCD 码是用 4 位二进制表示一位十进制数。对应的关系见表 1-5。

表 1-5 十进制与 BCD 码的对应关系

十进制	BCD 码
0	0000
1	0001
2	0010
3	0011
4	0100
5	0101
6	0110
7	0111
8	1000
9	1001

由于十进制的每一位上只可能是数字 0，1，2，…，9，共十种可能，因此最多只需要 4 个二进制位就可以表示一位十进制数，而且 1010B～1111B 也不可能出现在 BCD 码中。由于这 4 个二进制位分别对应着十进制的 8、4、2、1，因此 BCD 码也被称为 8421 码。

【例 1-30】 $(10000011)_{BCD} = (\quad)_D$?

通过查表 1-5 可知，$(1000)_{BCD}$ 对应的十进制数是 8，$(0011)_{BCD}$ 对应的十进制数是 3。

因此，(10000011)$_{BCD}$对应的十进制数是 83。

BCD 码在计算机中有两种存储方式：压缩 BCD 码和扩展 BCD 码。一个字节有 8 位，可以存储两个 BCD 码。如果在一个字节中存放两个 BCD 码，这种存储方式称为压缩 BCD 码。如果在一个字节中仅存放一个 BCD 码，且将 BCD 码仅存放在字节的低 4 位，保持高 4 位为 0，这种存储方式称为扩展 BCD 码。

压缩 BCD 码和扩展 BCD 码各有优缺点。其中，压缩 BCD 码的优点是节省存储空间，缺点是计算和处理起来不方便。扩展 BCD 码的优点是计算和处理起来较方便，缺点是比较浪费空间。

1.6.2 ASCII 码

ASCII 码是用来表示字符和一些常用数字的，具体查表的方式是分别查看高位和低位。例如，要查找字母 A 的 ASCII 码。它的低位是 "0001"，高位是 "100"，因此字母 A 的 ASCII 码为 1000001B=41H。同理，你可以尝试查找数字 0~9 的 ASCII 码及字母 a~z 的 ASCII 码。它们的 ASCII 码分别是 30H~39H，61H~7AH。

ASCII 码

早期人们常用的字符和数字的个数并不多，因此只保留了 128 种编码，即用 7 位二进制数即可全部表达。当用一个字节来表示 ASCII 码时，最高位恒为 "0"。这个最高位在通信中可以用来进行 "奇偶校验"。

如图 1-28 所示。在一个通信系统中有发送者、接收者及通信的信道。信息由发送者发出，经过信道到达接收者。信息在经过信道的过程中会受到改变，而且信道中的噪声也会叠加在信号中而影响信息的内容。假设，发送者发出的信息内容是 00000000B，而接收者收到的内容是 00010000B，显然，接收者收到的信息有错误，但是接收者怎么能确定收到的信息是否有错误呢？可以通过奇偶校验来确定。

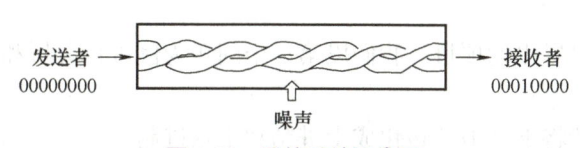

发送者 00000000 → [信道] → 接收者 00010000
噪声

图 1-28 通信系统示意图

1）奇校验。奇校验的意思是发送方在发送信息时保证一个字节中 "1" 的个数是奇数个。那么接收方收到信息以后会数一下一个字节中 "1" 的个数，如果是奇数个，就认为这个字节没有出错，如果不是奇数个，就认为这个字节有错误。当然，如果是奇数个不能保证这个字节一定没有出错（例如，同时有两个比特位出错），但是如果是偶数个就一定是出错了。因此，奇校验具备一定的检错能力。

具体的方法是，发送端利用字节的最高位来保证 "1" 的个数是奇数个。如果，ASCII 码中 "1" 的个数是偶数个，那么就将字节的最高位置成 "1"。如果 ASCII 码中 "1" 的个数是奇数个，那么就将字节的最高位置成 "0"。

【例 1-31】 若使用奇校验，那么发送端发送 "A" 时，实际发送的内容是？

"A"的 ASCII 码为 41H=1000001B,其中"1"的个数为偶数个。当发送端使用奇校验时,要保证字节中"1"的个数为奇数个,因此,需要将字节的最高位置"1",即实际发送的内容是 11000001B=C1H。

【例 1-32】 若使用奇校验,那么发送端发送"a"时,实际发送的内容是?

"a"的 ASCII 码为 61H=1100001B,其中"1"的个数为奇数个。当发送端使用奇校验时,要保证字节中"1"的个数为奇数个,因此,需要将字节的最高位置"0",即实际发送的内容是 01100001B=61H。

2)偶校验。偶校验的意思是发送方在发送信息时保证一个字节中"1"的个数是偶数个。那么,接收方收到信息以后会数一下一个字节中"1"的个数,如果是偶数个,就认为这个字节没有出错,如果不是偶数个,就认为这个字节有错误。与奇校验类似,偶校验也具备一定的检错能力。

【例 1-33】 若使用偶校验,那么发送端发送"A"时,实际发送的内容是?

"A"的 ASCII 码为 41H=1000001B,其中"1"的个数为偶数个。当发送端使用偶校验时,要保证字节中"1"的个数为偶数个,因此,需要将字节的最高位置"0",即实际发送的内容是 01000001B=41H。

【例 1-34】 若使用偶校验,那么发送端发送"a"时,实际发送的内容是?

"a"的 ASCII 码为 61H=1100001B,其中"1"的个数为奇数个。当发送端使用偶校验时,要保证字节中"1"的个数为偶数个,因此,需要将字节的最高位置"1",即实际发送的内容是 11100001B=E1H。

综合分析

回到本单元开篇时提出的项目。我们以第一个问题为例进行分析和说明,其他的问题请自行分析并解决。

问题是这样的:请将下列地址转化成十进制和十六进制
IP 地址:11000000.10101000.00001010.00000101
十六进制:
十进制:

通读题目后,我们知道这道题目是考查将二进制数转换成十六进制和十进制数的知识点。我们一个个地来解决。

首先,解决二进制转换成十六进制的问题。IP 地址是 4 个用"."分隔开的二进制数,现在我们要将它们转换成十六进制数。根据二进制转十六进制的规则,我们先将 IP 地址中的二进制数按照每 4 个二进制数一组的方式进行分组,如图 1-29 所示。

1100|0000.1010|1000.0000|1010.0000|0101

图 1-29 二进制数分组的结果

根据表 1-2 中二进制和十六进制之间的对应关系，我们可以将这些二进制数转换成十六进制数，如图 1-30 所示。

C|0.A|8.0|A.0|5

图 1-30　分组转换成十六进制数的结果

即 IP 地址的十六进制数为 C0.A8.A.05。

再解决转十进制的问题。经过前面的学习我们知道，其他进制数转成十进制数的方法都是通过位权与基数的乘积求和。我们当然可以直接将 IP 地址的二进制形式转成位权与基数的乘积，但是这样操作时，参与的位数多，计算复杂。为了计算简便，可以直接将 IP 地址的十六进制形式转成位权与基数的乘积，因为十六进制参与计算的位数较少，较简单。

C0 转换成十进制是：$12 \times 16+0=192$
A8 转换成十进制是：$10 \times 16+8=168$
A 转换成十进制是：10
5 转换成十进制是：5
因此，此 IP 地址转换成十进制就是 192.168.10.5。

归纳总结

本单元学习了常用进位计数制，如二进制、十进制和十六进制的使用规则，还学习了二进制数的无符号表达和有符号表达，在此基础上学习了二进制数的算术运算和逻辑运算。其实，微型计算机的主要功能就是计算，因为它能够比人类算得更快、更准确，因而被广泛应用。不管什么形式的信息，图像、声音还是其他形式的信息，只要是需要被输入到微型计算机进行处理，就一定需要转换成二进制的形式，因为二进制数据是微型计算机能够处理的数据。

在后面的学习中，二进制主要体现在指令的操作数中、存储器的地址中等，只有将本单元的内容学习好，才会更好地进行后续内容的学习。所以，请结合本书中的例题和课程资源将知识学会、学懂。

思考与练习

1. 123D、0AFH、77O、100110B 分别采用的是什么计数制？
2. 字长为 8 位和 16 位二进制数的原码和补码能表示的整数最大值和最小值分别是多少？
3. 把下列十进制数分别转换成二进制数和十六进制数。
（1）125　　（2）255　　（3）72　　（4）5090
4. 把下列二进制数分别转换为十进制数和十六进制数。
（1）11110000　　（2）10000000　　（3）11111111　　（4）01010101
5. 把下列十六进制数分别转换为十进制数和二进制数。
（1）FF　　（2）ABCD　　（3）123　　（4）FFFF

6. 写出下列十进制数在字长为 8 位和 16 位两种情况下的原码和补码。
（1）16　　（2）–16　　（3）+0　　　（4）–0
（5）127　（6）–128　（7）121　　（8）–9

7. 实现下列转换。
（1）已知 [x]$_原$=10111110，求 [x]$_补$。　　（2）已知 [x]$_补$=1110011，求 [–x]$_补$。
（3）已知 [x]$_补$=10111110，求 [x]$_原$。　　（4）已知 [x]$_补$=10111110，求 [x]$_反$。

8. 已知数 A 和数 B 的二进制格式分别是 01101010 和 10001100，试根据下列不同条件，比较它们的大小。
（1）上述格式是 A、B 两数的补码（2）A、B 两数均为无符号数

9. 下列各数均为十进制数，请用 8 位补码计算下列各题，并判断是否溢出；若无溢出，用十六进制形式表示运算结果。
（1）90+71（2）90–71（3）–90–71（4）–90+71（5）–90–（–71）

10. 完成下列逻辑运算。
（1）11001100 ∧ 10101010（2）11001100 ∨ 10101010（3）11001100 ⊕ 10101010
（4）10101100 ∧ 10101100（5）10101100 ⊕ 10101100（6）10101100 ∨ 10101100
（7）$\overline{10101100}$

11. 以下为十六进制数，试说明当把它们分别看作无符号数或字符的 ASCII 码值时，它们所表示的十进制数和字符分别是什么？
（1）30　（2）39　（3）42　（4）62　（5）20　（6）7

12. 以下为十进制数，分别写出其压缩 8421BCD 码和非压缩 8421BCD 码。
（1）49　（2）123　（3）7　（4）62

单元 2 微机系统认知

学习目标

● **知识目标**

1. 掌握微型计算机系统的组成；
2. 掌握 CPU、存储器、I/O 设备、接口与总线的作用；
3. 掌握微型计算机的工作过程；
4. 了解冯·诺依曼计算机的设计思想及其他改进结构。

● **能力目标**

1. 能够正确描述内存的操作过程；
2. 能够正确描述微型计算机的工作过程。

● **素质目标**

1. 通过比喻、联想的方式将抽象的内容联系到日常生活中常见的现象或物品去理解、记忆它，学会这种学习方法；
2. 将复杂的操作划分成具体的步骤，通过理解每个步骤的操作和步骤之间的关系去理解和记忆复杂的操作，养成这种基本的职业素养；
3. 学习过程中注意知识体系的建立和知识的迁移。例如，学习了本单元后，后续再学习其他类似的设备时，要能够将已学习的知识和技能迁移过去，让学习更轻松。

学习重难点

1. 微型计算机系统的组成；
2. 微型计算机的工作过程。

学习背景

除了个人计算机系统以外，工业上常用的数字运算电子设备是可编程逻辑控制器

（Programmable Logic Controller，PLC），现称为可编程控制器，其实物如图 2-1 所示。

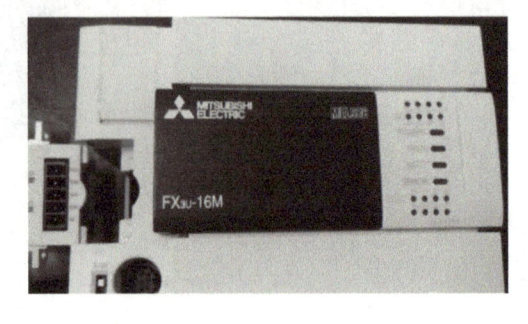

a）西门子PLC S7-1200　　　　　　　　　b）三菱PLC FX$_{3U}$系列

图 2-1　可编程控制器实物

它具有可以编制程序的存储器，可执行逻辑运算和顺序控制、定时、计数和算术运算等操作的指令，并通过数字或模拟的输入（I）和输出（O）接口控制各种类型的机械设备或生产过程。可编程控制器是在电气控制技术和计算机技术的基础上开发出来的，并逐渐发展成为以微处理器为核心，把自动化技术、计算机技术、通信技术融为一体的新型工业控制装置。PLC 已被广泛应用于各种生产机械和生产过程的自动控制中，成为一种非常重要、普及度高、应用场合多的工业控制装置，被公认为现代工业自动化的三大支柱（PLC、机器人、CAD/CAM）之一。

学习要求

请查阅资料，介绍一款 PLC 的硬件结构。

知识准备

微型计算机的特点是体积小、灵活方便、价格便宜。自 1981 年美国 IBM 公司推出第一代微型计算机 IBM-PC 以来，微型计算机以其执行结果精确、处理速度快、性价比高、轻便小巧等特点迅速进入社会各个领域。随着技术的不断迭代更新，微型计算机从单纯的计算工具发展成为能够处理数字、符号、文字、语言、图形、图像、音频、视频等多种信息的强大工具。

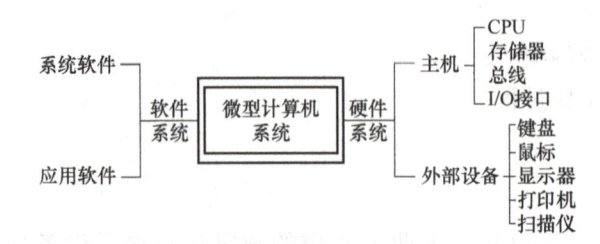

2.1　微型计算机系统的组成

微型计算机系统的组成如图 2-2 所示，包括软件和硬件两大系统。

微型计算机系统组成

图 2-2　微型计算机系统的组成

2.1.1 软件系统

软件系统包括系统软件和应用软件。

1）系统软件。系统软件是指管理、监控和维护计算机资源（包括硬件资源和软件资源）的软件，主要有操作系统、各种语言处理程序、数据库管理系统及各种工具软件等。其中，操作系统是系统软件的核心，用户只有通过操作系统才能完成对计算机的各种操作。

2）应用软件。应用软件是为某种应用目的而编制的计算机程序，如文字处理软件、图形图像处理软件、网络通信软件、财务管理软件、CAD 软件及各种程序包等。

2.1.2 硬件系统

硬件系统包括主机和外部设备。

1）主机。包括中央处理单元（Central Processing Unit，CPU）、内存储器、总线和输入/输出（Input/Output，I/O）接口。

图 2-3 显示出 CPU 与内存储器和总线之间的位置关系。

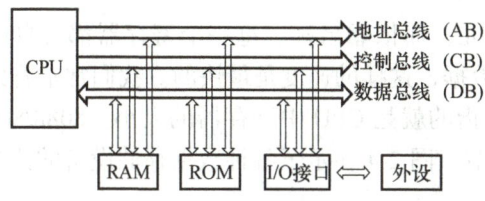

图 2-3 CPU 与内存储器和总线的关系

CPU 是微机系统的核心，它通过总线与内存储器和 I/O 接口传输信息。因此，CPU 常被比喻成微机系统的"控制中心"，总线被比喻成联通"控制中心"与其他部件的"高速公路"。由图 2-3 可见，在微机系统各部件间传递信息的"高速公路"有三类：地址总线（Address Bus，AB）、控制总线（Control Bus，CB）和数据总线（Data Bus，DB）。地址总线用于传递由 CPU 发出的地址信息，总是由 CPU 发出，因此是单向的信号线。数据总线用于传输指令或者数据信息。由于数据可以由 CPU 发往其他的设备或者由其他的设备发往 CPU，因此数据总线是双向的。控制总线用于传送控制信号或状态信息，控制信号由 CPU 发往其他设备，而其他的设备的状态信息或请求信息是由其他设备发往 CPU 的，因此，每条控制线是单向的，但是，控制总线总体上看是双向的。

2）外部设备。包括显示器、鼠标、键盘、打印机、扫描仪等。

2.2 CPU

CPU 是微机系统的运算核心和控制核心。它包括三个组成部分：算术逻辑单元（Arithmetic Logic Unit，ALU）、控制器和寄存器组。

1）算术逻辑单元。又称为运算器，它以加法电路为基础，辅以其他逻辑电路，能够完成加、减、乘、除和各种逻辑运算，高级运算器还可以完成浮点运算。

2）控制器。包括指令寄存器、指令译码器和可编程逻辑阵列（Programmable Logic Array，PLA）。指令寄存器用于存放从内存储器中取出的待执行的指令；指令译码器对指令寄存器中的指令进行译码，以确定该指令要执行的操作；可编程逻辑阵列用来产生取指令和执行指令所需的各种微操作控制信号。由于每条指令所执行的具体操作不同，所以每条指令将对应控制信号的某一种组合，以确定相应的操作序列。

3）寄存器组。CPU内部的存储单元称为寄存器组，包括通用寄存器组和专用寄存器组。通用寄存器组可以由程序员规定它的用途，而专用寄存器组的用途是固定的、专用的。

CPU主要的任务是运算，而不是存数据。数据一般都存放在内存中。当CPU需要使用数据时，从内存中取出或将数据写入内存。但是，CPU的运算速度远高于内存的读写速度，为了避免被内存的读写速度拖慢进度，CPU都自带一级缓存和二级缓存。CPU的缓存可以看作是读写速度较快的内存。

但是，CPU缓存的读写速度还是不够快，而且数据在缓存里的地址不是固定的，CPU每次读写数据要先寻址，这会导致速度变慢。因此，除了缓存之外，CPU还自带了寄存器（Register），用来存放最常用的数据，即最频繁读写的数据（如循环变量等）。CPU优先读写寄存器，再由寄存器跟内存交换数据。

寄存器不依靠地址区分存储单元，而依靠名称。每一个寄存器都有自己的名称。CPU通过名称找到寄存器并读取或写入数据，这样的速度是最快的。我们常常看到"32位CPU"或"64位CPU"这样的名称，其实指的就是CPU中寄存器的大小。8088/8086 CPU内部是16位的，即寄存器的大小是两个字节。图2-4显示了各种数据存储设备的读写速度比较。

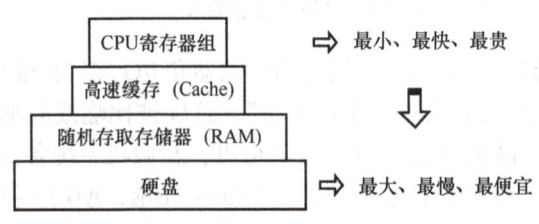

图2-4 各种数据存储设备的读写速度比较

2.3 存储器

2.3.1 内存和外存

在微型计算机系统中，存储器包括了内存储器和外存储器。

1）内存储器。内存储器也称为主存储器，简称内存，主要用来暂时存储CPU正在使用的指令和数据，CPU可以通过系统总线直接访问它。由于它存放的程序和数据需要立即使用，所以要求存取速度快，通常由半导体存储器构成，断电后不保存信息。

图2-3中的随机存取存储器（Random Access Memory，RAM）和只读存储器（Read Only Memory，ROM）都属于内存储器。

2）外存储器。外存储器也称为辅助存储器，简称外存，主要用来存放相对来说不经常使用的程序、数据或需要长期保存的信息。它不能被 CPU 直接访问。当 CPU 要使用这些信息时，必须通过专门的 I/O 设备，先将信息成批地传送至内存后，再从内存中取用信息。因此，外存是内存的后备和补充，属于外部设备。它的特点是容量大、成本低，通常在断电之后仍能保存信息，是"非易失性"存储器，其中大部分存储介质还能脱机保存信息。

外存储器包括常见的硬盘和光盘等。

图 2-5 显示了 CPU 与内存和外存的连接结构。

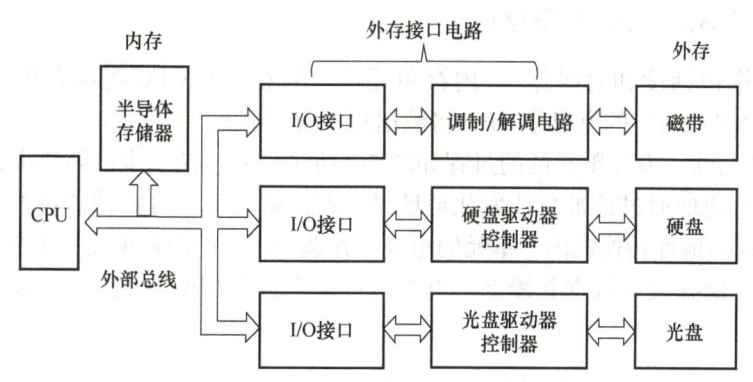

图 2-5　CPU 与内存和外存的连接结构示意图

衡量存储器的性能有三个指标：容量、速度和每位价格 / 位。内存读写速度快，其每位价格比较高，因此容量不能太大。外存的容量大，每位价格比较低，但是读写速度慢。因此，要合理地分配内存和外存的使用，将正在使用的信息放在速度高的内存中，暂时不用的信息放在外存中。它们共同构成了计算机的存储系统，它们形成的存储层次，从整体上看，使得计算机有近似于内存的速度和近似于外存的容量。

2.3.2　内存单元和地址

内存中用于存放数据的单元称为内存单元，每个内存单元可存放 1 个字节（1 Byte，1B），即 8 位。内存容量是指内存中所能存储的字节总数。为了方便 CPU 对内存单元的访问，每个内存单元都有一个地址，称为内存单元的地址。在本书中，将使用图 2-6 所示的简化图来表示一段内存。

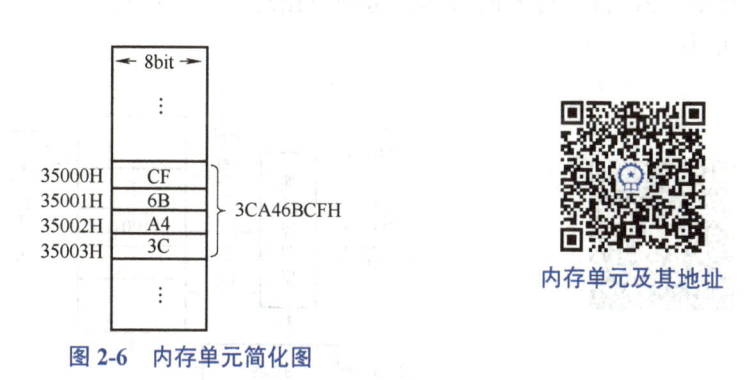

内存单元及其地址

图 2-6　内存单元简化图

图 2-6 中每一个小格子表示一个内存单元。每个小格子中有 2 位十六进制数，即 8 个二

进制位,是内存单元中存储的数据。格子左边的数字表示内存单元的地址。内存单元的地址是 5 位十六进制数,也就是 20 位二进制数。

注意:内存单元的地址由上到下逐渐递增。因此,位于上面的内存单元属于低地址,位于下面的内存单元属于高地址。在存放数据时,将数据的低字节存放在低地址中,高字节存放在高地址中。因此,图 2-6 中 35000H~35003H 存放的四个字节数据是 3CA46BCFH。

2.3.3 内存的操作

内存的操作包括读和写操作。"内存单元读"的意思是 CPU 将内存单元的数据读入 CPU 中。"内存单元写"的意思是 CPU 将数据写入内存单元。

1)内存单元读。内存单元读的过程如图 2-7 所示,共包括三步:第一步,CPU 将要读取的内存单元的地址通过地址总线发往地址译码器;第二步,CPU 使能读控制信号线,地址译码器将收到的地址转换成内存单元的地址,并选中相应的内存单元;第三步,内存单元的数据被复制一份并放到数据总线上,由数据总线传输到 CPU。至此,完成了一次内存单元的读操作。

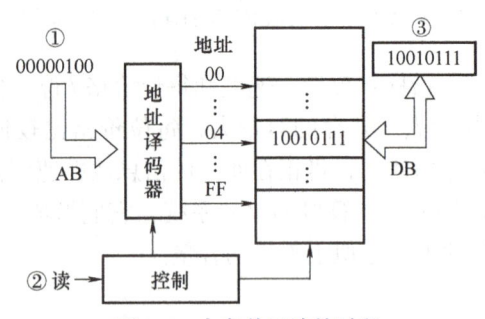

图 2-7 内存单元读的过程

2)内存单元写。内存单元写的过程如图 2-8 所示,共包括三步:第一步,CPU 将要写入数据的内存单元的地址通过地址总线发往地址译码器;第二步,CPU 使能写控制信号线,地址译码器将收到的地址转换成内存单元的地址,并选中相应的内存单元;第三步,CPU 将要写入的数据发送到数据总线上,内存单元将数据总线上的数据写入内存单元中。

图 2-8 内存单元写的过程

2.4 I/O 设备与接口

I/O 设备,即输入/输出设备。常见的输入设备包括键盘、扫描仪、鼠标等。常见的输出设备包括显示器、打印机、绘图仪等。

计算机所处理的信息是由输入设备提供的,处理后的结果要送给输出设备。这些输入/输出设备统称为计算机的外部设备,简称外设或 I/O 接口。为了让这些外部设备按照计算机的要求有秩序地输入/输出,CPU 必须能够控制输入/输出设备的启动和停止,了解它们的工作状态及送出控制命令。由于外部设备种类繁多,它们传输信息的要求又各不相同,给计算机和外设之间的信息交换带来了一些问题。例如,速度不匹配(CPU 速度比外设快得多)、信号电平不匹配(CPU 使用的信号是 TTL 电平,外设一般不是)、信号格式不匹配(计算机使用的是数字信号,有些外设使用的是模拟信号)、时序不匹配(各种外设都有自己的定时和控制逻辑)等。为了解决 CPU 与外设之间不匹配、不能协调工作的问题,出现了接口电路,俗称接口。

接口具备以下基本功能:
1)设置数据缓冲以解决 CPU 与外设之间速度差异所带来的不协调问题。
2)设置信号电平转换。
3)设置信息转换逻辑以满足对各自格式的要求。
4)设置时序控制电路来同步 CPU 和外设的工作。
5)提供地址转码电路。

CPU 与外设传送的信息主要包括数据信息、状态信息和控制信息。在接口电路中,这些信息分别进入不同的寄存器。通常将这些寄存器和它们的控制逻辑统称为 I/O 端口。CPU 可对端口中的信息直接进行读写。由于传送的信息包括数据信息、状态信息和控制信息,相应的 I/O 端口也分为数据端口、状态端口和命令端口。

2.5 总线

总线(Bus)是计算机各功能部件之间传送信息的公共通信干线,它是由导线组成的传输线束。按照其所传输信息的种类,可划分为数据总线、地址总线和控制总线,分别用来传输数据、数据地址和控制信号。总线是一种内部结构,它是 CPU、内存、输入/输出设备传递信息的公用通道,主机的各个部件通过总线相连接,外部设备通过相应的接口电路再与总线相连接,从而形成了计算机硬件系统。

如果说主板(Mother Board)是一座城市,那么总线就是城市里的主交通干线,公共汽车(bus)能按照固定行车路线来回不停地传输数据位(bit)。一条线路在同一时间内仅能传输一位。因此,必须采用多条线路才能传输更多数据。

1)总线宽度(width)。总线可同时传输的数据数称为总线宽度,以 bit 为单位。总线宽度越宽,每次传输的数据量就越大。

2)总线带宽。单位时间内可以传输的总数据数称为总线带宽。计算公式如下:

$$总线带宽 = 频率 \times 宽度 / 8 \text{（B/s）} \tag{2-1}$$

总线传输数据的过程：当总线空闲（其他器件都以高阻态形式连接在总线上）且一个器件要与目的器件通信时，发起通信的器件驱动总线，发出地址和数据。其他以高阻态形式连接在总线上的器件如果收到（或能够收到）与自己地址相符的信息后，即可接收总线上的数据。发送器件完成通信以后，将总线让出（输出变为高阻态）。

2.6 微机的工作过程

指令是由人向计算机发出的，能够为计算机所识别的命令。计算机的工作是按照一定顺序执行由指令构成的程序。指令的执行过程包括取指令、分析指令、读操作数、执行指令和存放结果五个步骤。通常来说，取指令、分析指令和执行指令三步是必须执行的，而读操作数和存放结果要视指令中是否有操作数的情况而定。

指令的执行方式包括顺序执行和并行执行两种方式。

图 2-9 所示是顺序执行的方式。CPU 先取指令 1，再分析指令 1，最后执行指令 1。紧接着再取指令 2，然后分析指令 2，最后执行指令 2，以此类推。可见，这种顺序执行的方式只有在取指令时 CPU 才会使用总线，因此对总线的占用率不高，工作效率也不高。

图 2-9 指令顺序执行

为了提升工作效率，8086 采用了指令级流水线方式，也称为指令的并行执行方式。如图 2-10 所示，并行执行方式将取指令、分析指令和执行指令分成三个步骤。CPU 的总线接口单元（Bus Interface Unit，BIU）负责从内存中读取指令和操作数及向内存写入计算结果，而 CPU 的执行单元（Execution Unit，EU）则负责分析指令和执行指令。这样，取指令可以一直被执行，大大提高了总线的占用率。

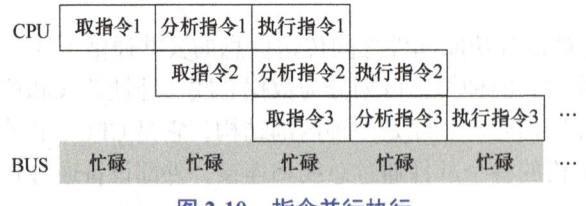

图 2-10 指令并行执行

2.7 冯·诺依曼计算机

提到计算机，就不得不提及在计算机的发展史上做出杰出贡献的著名应用数学家冯·诺依曼（Von Neumann），他带领专家提出了一个全新的存储程序的通用电子计算机方案，如图 2-11 所示。

由图 2-11 可见，该方案规定了计算机的五个组成部分，分别是运算器、控制器、存储器、输入设备和输出设备。同时，图中还描述了这五个部分的职能和相互关系。这个方案与早期的 ENIAC 相比，有以下两大改进：

① 采用二进制，而不是十进制。

② 提出了"存储程序"的设计思想，即用记忆数据的同一装置存储执行运算的命令，使程序的执行可以自动地从一条指令进入下一条指令。

这些改进沿用至今，可见冯·诺依曼思想的先进性。

冯·诺依曼计算机的工作流程如下：

1）将指令所在地址赋给程序计数器（Program Counter，PC）。

2）PC 内容送到地址寄存器（Address Register，AR），PC 自动加 1。

3）把 AR 的内容通过地址总线送至内存，经地址译码器译码，选中相应单元。

4）CPU 的控制器发出读命令。

5）在读命令控制下，把所选中单元的内容（即指令操作码）读到数据总线 DB。

6）读出的内容经数据总线送到数据寄存器 DR。

7）指令译码（数据寄存器 DR 将指令送到指令寄存器 IR，然后再送到指令译码器 ID）。

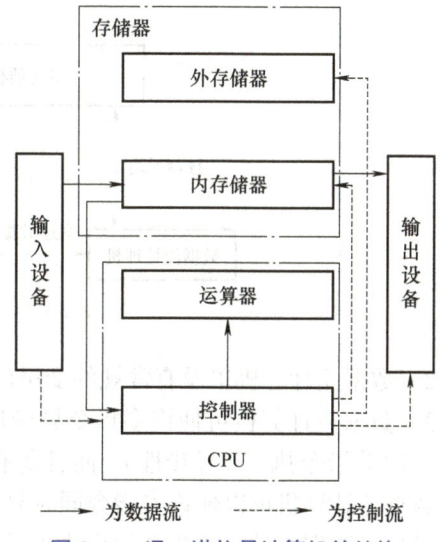

图 2-11 冯·诺依曼计算机的结构

冯·诺依曼计算机的特点是使用了程序存储、共享数据和顺序执行，它属于顺序处理机，适合确定的算法和数据的处理。它的不足之处包括：①与存储器之间有大量的数据交互，对总线的要求比较高；②执行顺序由程序决定，执行大型复杂任务较困难；③以运算器为核心，处理效率较低；④由 PC 控制执行顺序，难以进行真正的并行处理。

2.8 改进计算机

2.8.1 数据流计算机的结构

数据流计算机是一种数据驱动的系统结构计算机，如图 2-12 所示。只有当一条或一组指令所需的操作数全部准备好时，才能激发相应指令的一次执行，执行结果又流向等待这一数据的下一条或下一组指令，以驱动该条或该组指令的执行。因此，程序中各条指令的执行顺序仅仅由指令间的数据依赖关系决定。

传统的冯·诺依曼计算机与数据流计算机的工作原理的根本不同如下。

1）冯·诺依曼计算机是在中央控制器的控制下顺序执行的，而数据流计算机是在数据的可用性控制下并行执行的。数据流计算机没有指令计数器，其指令是否执行由数据记号

（数据令牌，data token）的可用性来决定。也就是指令的执行由数据来驱动，把控制流变为数据流。

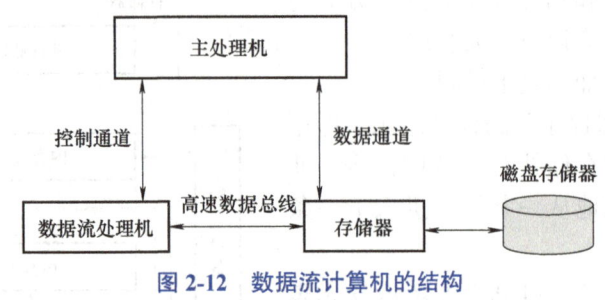

图 2-12 数据流计算机的结构

2）数据流计算机里没有常规的变量的概念，也就不存在共享数据单元的问题。

3）数据流计算机可使许多指令异步执行。只有当操作所需要的数据可用时，数据流计算机才启动指令执行（异步性）。而且所有指令都可以任何次序并发执行。正是这些特性决定了数据流计算机可以使许多指令同时异步执行，因此，可预见的指令并行度是很高的。

总之，数据流计算机指令的操作不受其他控制的约束，只要任何一条指令所需要的数据齐全且可用时，都可以执行。数据流计算机中没有变量的概念，也不设置状态，在指令间直接传送数据，因此操作结果不产生副作用，不改变机器的状态，从而具有纯函数的特点。由此可见，数据流计算机的特点包括：

1）对指令来说，摆脱了外界强加于它的控制，多条指令在数据可用性驱动下同时并行；

2）它可以直接支持函数语言，不仅有利于开发程序中各级的并发性，而且有利于改善软件环境，提高软件的生产力。

2.8.2 哈佛结构

哈佛结构是一种将程序指令存储和数据存储分开的存储器结构，如图 2-13 所示。哈佛结构是一种并行体系结构，它的主要特点是将程序和数据存储在不同的存储空间中，即程序存储器和数据存储器是两个独立的存储器，每个存储器独立编址、独立访问。

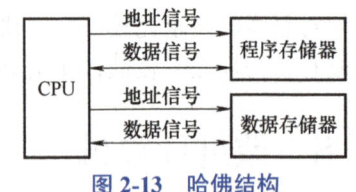

与两个存储器相对应的是系统的 4 条总线：程序和数据的数据总线与地址总线。这种分离的程序总线和数据总线允许在一个机器周期内同时获得指令字（来自程序存储器）和操作数（来自数据存储器），从而提高了执行速度和数据的吞吐率。程序指令存储和数据存储分开，可以使指令和数据有不同的数据宽度。

图 2-13 哈佛结构

哈佛结构的计算机由 CPU、程序存储器和数据存储器组成，程序存储器和数据存储器采用不同的总线，从而提供了较大的存储器带宽，使数据的移动和交换更加方便，尤其提供了较高的数字信号处理性能。

综合分析

回到本单元开始的项目。我们以三菱 FX 系列 PLC 为例，说明 PLC 的硬件结构。

如图 2-14 所示，PLC 的硬件主要由中央处理单元（CPU）、存储器、输入单元、输出单元、通信接口、扩展接口和电源模块等组成。可以看到这个结构跟本单元介绍的微型计算机的构造是非常相似的。因此，我们说 PLC 也是微型计算机在工业领域的一种存在形式。

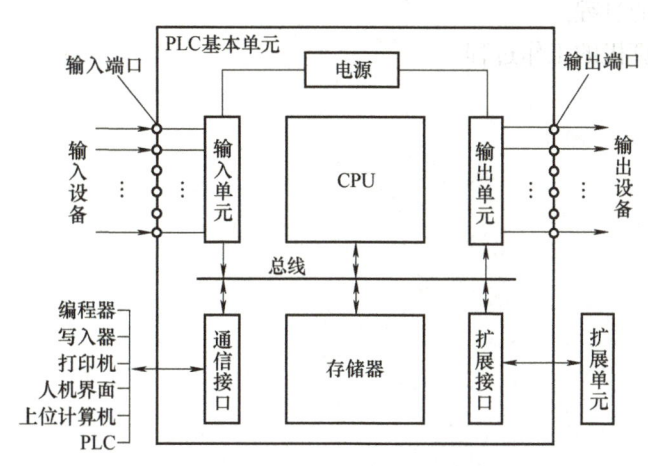

图 2-14　整体式 PLC 的硬件结构框图

随着芯片技术的不断进步，PLC 中使用的 CPU 性能也在不断提升，因而 PLC 的整体性能也可以上一个台阶。同学们在查阅资料时要注意看不同型号的 PLC 在硬件配置上的区别。例如，使用了不同型号的 CPU、使用不同容量的存储器、支持不同数量的接口等，这些硬件上的升级换代，一方面决定了设备的性能提升，同时也可能带来成本的提升。这些是选择 PLC 型号时必须考虑的问题。

归纳总结

本单元认识了微型计算机系统。从内容上，先总体上认识了整个系统，再逐个认识每个组成部分，包括它们的作用、类别和工作过程等。可以说，本单元在本门课程中起到了提纲挈领的作用。后续的单元内容都是用更多的篇幅详细介绍各个组成部分。

通过对微型计算机系统的认知，我们发现，对于一个系统来说，每个部件都很重要，因为它们分工明确，各自解决独特而具体的问题，更重要的是各个部件之间的协调和配合，如果在系统运行过程中哪个部件没有配合上，那么系统很可能就无法正常工作，轻则系统不工作而停下来等待，重则系统崩溃。如同现实生活中小到一个家庭，大到一个企业，甚至是我们的国家，都需要协调配合。我们每个人在这个系统里，其实都有各自的分工，不仅要将自己的工作完成好，更要讲究与其他人的合作。合作才能共赢，才能让整个系统实现更大的目标。不要小看个人的力量，中国式现代化的实现就是要靠每一个人尽可能发挥自己的光和热，去推动新时代的中国走向更加辉煌的明天。

思考与练习

1. 简述微型计算机的系统组成。

2. 简述三种总线及其作用。
3. 简述 CPU 的三个组成部分及其作用。
4. 简述内存单元和内存地址的关系。
5. 简述内存读的过程。
6. 简述内存写的过程。
7. 简述微型计算机的工作过程。

单元 3 微处理器认知

学习目标

● **知识目标**

1. 掌握微处理器的组成；
2. 掌握微处理器的最小和最大工作模式；
3. 掌握微处理器主要外部引脚的功能；
4. 掌握微处理器的内部结构；
5. 掌握寄存器的分类。

● **能力目标**

1. 能够描述最大和最小工作模式；
2. 能够描述 CPU 内部各单元的执行步骤；
3. 能够描述数据处理后标志寄存器的状态。

● **素质目标**

1. 理解微处理器对产业的数字化、智能化发展的重要作用；
2. 芯片设计中的"复用"思想是常用的一项技术，理解和学习"复用"的思想有助于解决更多工程实际问题；
3. 芯片目前还是"卡脖子"难题，需要在设计、制造多个环节有所突破。同学们也要有突破技术壁垒，敢于挑战难题的决心。

学习重难点

1. CPU 内部各单元的执行；
2. 标志寄存器的状态。

学习背景

8088/8086 具有 40 个引脚，每个引脚都有不同的功能。在使用微处理器时，一定要区分这些引脚的功能。尤其是某些引脚是复用的，如地址引脚和数据引脚。在使用这些引脚时，还要注意什么时候地址引脚有效，什么时候数据引脚有效。

学习要求

1）请使用 Proteus 软件在器件库中找到 8086 芯片，标记其各个引脚的功能。如果是复用引脚，请分别说明引脚的功能，以及如何与其他引脚配合实现其中一种功能。

2）图 3-1 所示是在 Proteus 中使用 8086 连接的最小系统。其中，74HC245 用作数据缓冲，74HC573 用作地址锁存，74HC138 是译码器。

现向 8086 中写入程序如下：

MOV DX，00C0H
MOV AL，55H
OUT DX，AL

这段程序的含义是向 00C0H 端口写入 55H，那么当系统开始工作，程序开始运行后，Q0～Q7 的值是多少？请给出分析过程。

图 3-1 8086 最小系统

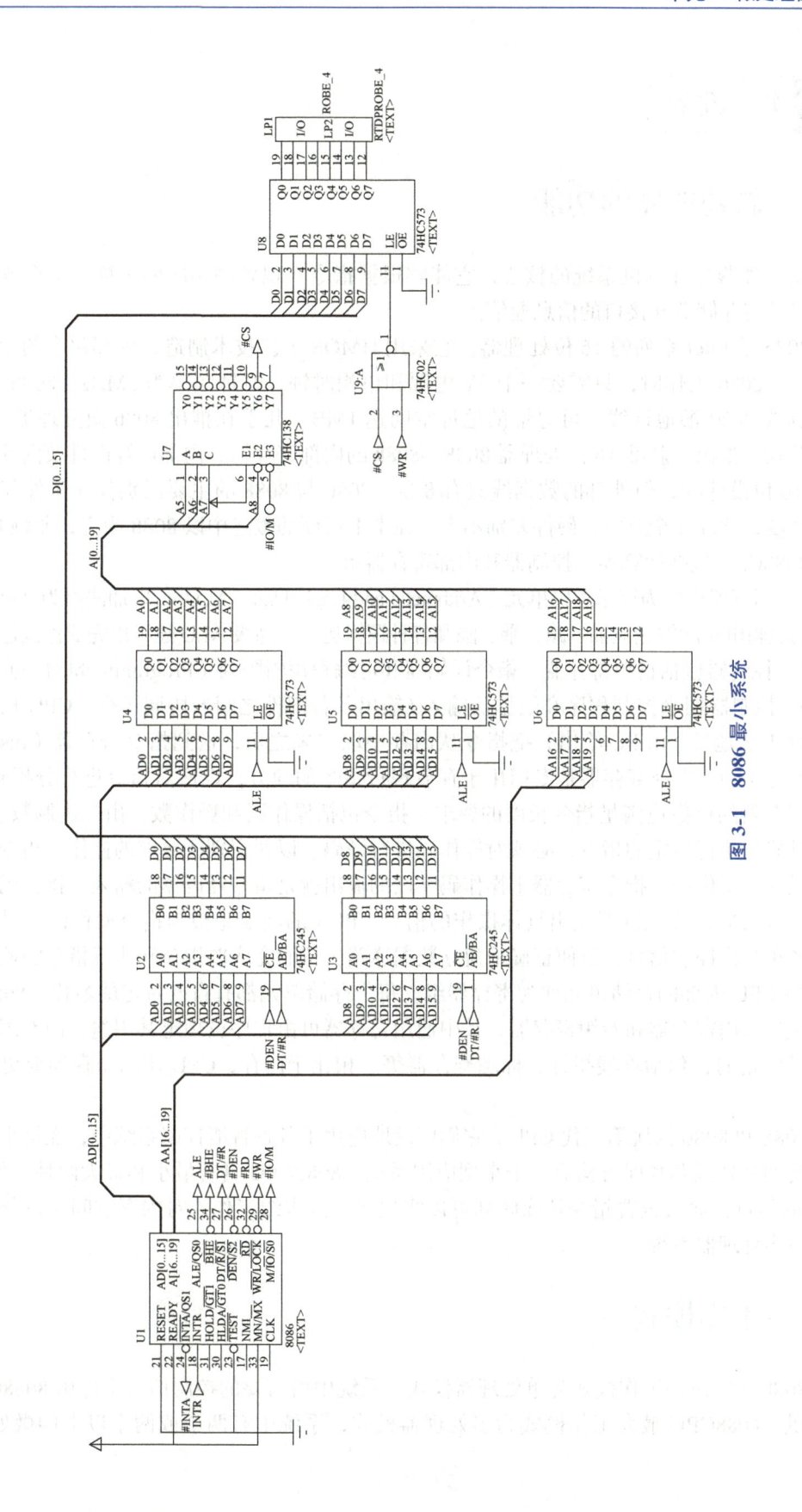

> 知识准备

3.1 微处理器的功能

微处理器是计算机系统的核心，它能够根据指令实现各种相应的运算，实现数据的暂存，以及与存储器和接口的信息通信。

8086 是 Intel 系列的 16 位处理器，它采用 HMOS 工艺技术制造，内部包含约 29000 个晶体管。8086 工作时，只需要一个 5V 电源和单相时钟，时钟频率为 5MHz。8086 具有 16 根数据线和 20 根地址线，可寻址的地址空间达 1MB。几乎在推出 8086 微处理器的同时，Intel 公司还推出一款准 16 位处理器 8088。8088 的内部寄存器、内部运算部件及内部操作都是按 16 位设计的，但外部的数据线只有 8 条。8086 与 8088 的主要区别仅在于外部数据总线的宽度，软件完全兼容，硬件差别不大。在本书后面的叙述中以 8088 为主，兼顾 8086。

8088CPU 包括运算器、控制器和内部寄存器组。

1）运算器也称为算术逻辑单元（Arithmetic and Logic Unit，ALU），以加法器为基础辅助以其他的逻辑电路能够完成加、减、乘、除和各种逻辑运算，高级 ALU 还可以完成浮点运算。

2）控制器包括指令寄存器、指令译码器和可编程逻辑阵列（Programmable Logic Array，PLA）。控制器用来控制程序和数据的输入/输出及各部件之间的协调运行。CPU 根据指令在内存中的地址（由 PC 给出）把指令从内存中取出来之后，送到指令寄存器（Instruction Register，IR）。指令寄存器是专门用于存放现行指令的地方，以便对指令进行分析和执行。指令寄存器的位数应满足指令长度的要求。指令包括操作码和操作数，由二进制数字组成。为了准确地执行给定的指令，必须对操作码进行译码，以便识别所要求的操作。指令译码器就是做这项工作的。指令寄存器中操作码字段的输出就是指令译码器的输入。操作码一经译码后，即可向操作控制器发出具体操作的信号。PLA 的功能是根据指令操作码和时序信号产生各种操作控制信号，以便正确地建立数据通路，从而完成取指令和执行指令的控制。

3）CPU 内部的存储单元称为寄存器组。每个存储单元都有自己特定的名称。8088 的寄存器包括通用寄存器和专用寄存器，其中通用寄存器可由程序员规定其用途，而专用寄存器用途是固定的，包括堆栈指针、标志寄存器等。相比于内存，CPU 访问寄存器要更方便和快捷。

8088 和 8086 同属第三代 CPU。它们广泛地应用于各种智能控制系统中，在最小配置下只需要四片外围芯片即可构成一个小型应用系统。8088CPU 具有最小和最大两种工作方式，8088 的特点：通过设置指令预取队列可以实现并行流水线工作，对内存空间实行分段管理和支持多处理器系统。

3.2 工作模式

8088CPU 最小工作模式为单处理器模式，系统中所需要的控制信号全部由 8088CPU 直接提供。8088CPU 最大工作模式为多处理器模式，系统中有两个或两个以上的微处理器，即除了主处理器 8088（或 8086）以外，还有协处理器（8087 算术协处理器或 8089 输入/输出协处理器）。最大工作模式可构成多处理器系统，系统中所需要的控制信号由总线控制器 8288 提供。

3.2.1 最小工作模式

最小工作模式的系统图如图 3-2 所示。

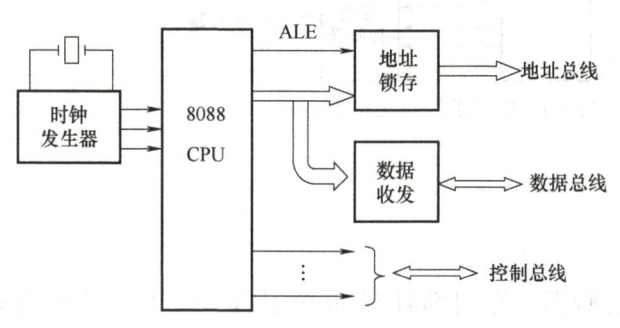

图 3-2 最小工作模式的系统图　　　　　　　　CPU 的最小工作模式

8088CPU 向内存读或写的工作过程。首先，无论 CPU 向内存读还是写，都需要先发送地址信号到地址总线上；然后，CPU 通过控制总线发送读或写的控制信号；最后，CPU 从数据总线上接收信号或发送信号。

由于 8088 的引脚只有 40 根，其地址线和数据线是共用引脚，即同样的引脚既可以作为地址引脚也可以作为数据引脚。通过在不同的时间段发送不同的信息以识别这些引脚究竟是作为地址引脚使用还是作为数据引脚使用。8088CPU 在进行内存读或写操作时，要先发送地址信息，即将这些共用的引脚作为地址引脚使用。当 8088CPU 要使用这些引脚来发送或接收数据之前，CPU 可以使能它的地址锁存使能引脚（Address Lock Enable，ALE），将地址信息锁存在地址锁存器中，保证地址总线上的内容不会发生改变。

3.2.2 最大工作模式

最大工作模式是相对最小工作模式而言的。最大工作模式用在中等规模的或者大型的 8086/8088 系统中。在最大工作模式系统中，总是包含两个或多个微处理器，其中一个主处理器就是 8086 或者 8088，其他处理器称为协处理器，它们是协助主处理器工作的。和 8086/8088 配合的协处理器有两个，一个是数值运算协处理器 8087，一个是输入/输出协处理器 8089。

8087 是一种专用于数值运算的处理器，它能实现多种类型的数值操作，比如高精度的整数和浮点运算，也可以进行超越函数（如三角函数、对数函数）的计算。

最大工作模式的系统图如图 3-3 所示。

由于此时系统中有多个处理器存在，需要由总线控制器来决定总线的使用权。

CPU 工作模式的选择是由硬件决定的，将 8086/8088 的 MN/$\overline{\text{MX}}$ 引脚接地，它就工作于最大工作模式，而将 8086/8088 的 MN/$\overline{\text{MX}}$ 引脚接高电平，它就工作于最小工作模式。8086/8088CPU 有 8 个引脚（第 24 号~31 号），在两种不同工作模式下具有不同的功能。

微机原理及应用

图 3-3 最大工作模式的系统图

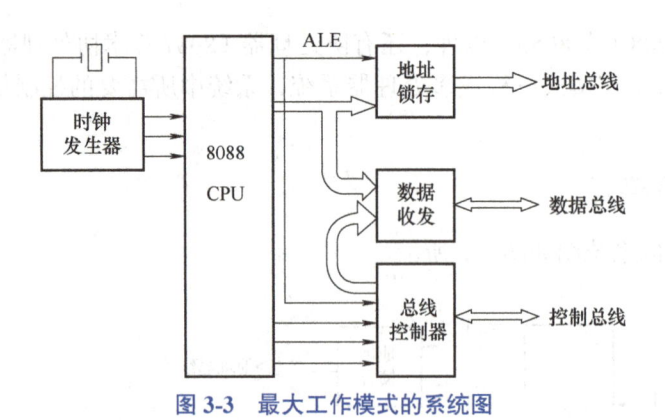

3.3 外部引脚

图 3-4 为 8088 和 8086 的引脚图。它们都具有 40 个引脚。图中括号外是最小工作模式下的主要引脚信号名称，括号内是最大工作模式下的主要引脚信号名称。下面介绍 8088/8086 在最小工作模式下的主要引脚信号。

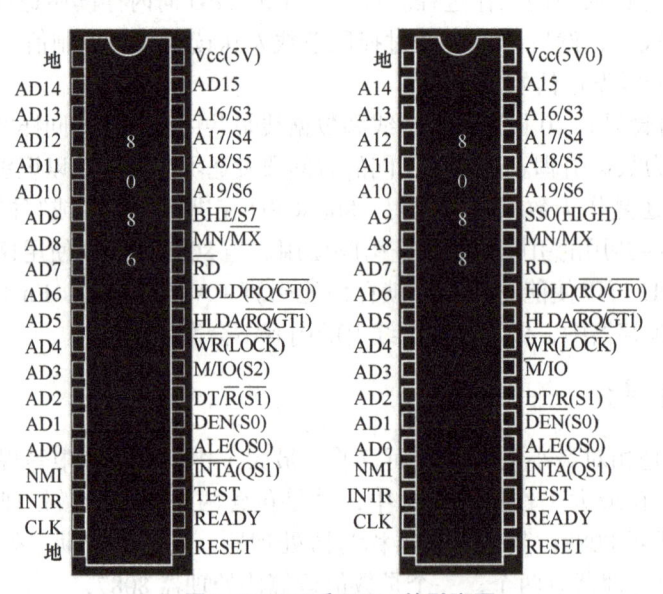

图 3-4 8088 和 8086 的引脚图

1）地址线和数据线：8088/8086 都有 20 位地址信号线（A0～A19，其中 A14～A0 位于第 2～16 引脚，A15～A19 位于第 35～39 引脚），可寻址 1MB 内存单元。但是，观察图 3-4，会发现 8088 的引脚图 A0～A7 实际上标记的名称是 AD0～AD7，意思是低 8 位地址信号与 8 位数据信号分时复用，即这些引脚有时用于传输低 8 位地址信号，有时用于传输 8 位数据信号。注意：AD0～AD7 在传送地址信号时为单向，在传送数据信号时为双向。再观察图 3-4，会发现 A16～A19 引脚的旁边还标记了 S3～S6，意思是高 4

关于复用

44

位地址信号与状态信号分时复用。其中，S6 为"0"用以指示 8088/8086CPU 当前与总线连通；S5 为"1"表明 8088/8086CPU 可以响应可屏蔽中断；S4、S3 共有四个组态，用以指明当前使用的段寄存器，见表 3-1。

表 3-1 段寄存器状态表

S4	S3	当前正在使用的段寄存器
0	0	ES
0	1	SS
1	0	CS 或未使用任何段寄存器
1	1	DS

观察图 3-4，会发现 8086 的第 16～2 引脚及第 39 引脚标记的是 AD0～AD15，意思是对于 8086 来说，低 16 位地址信号与 16 位数据信号分时复用。

2）$\overline{WR}$：写信号。可输出三态，低态有效。当 CPU 对内存或 I/O 端口进行写操作时，此引脚输出 0 态。

3）$\overline{RD}$：读信号。可输出三态，低态有效。当 CPU 对内存或 I/O 端口进行读操作时，此引脚输出 0 态。

4）$\overline{M}/IO$：为"0"，表示访问内存（Memory）；为"1"，表示访问接口。

特别提醒：对于 8086 来说，此引脚为 M/$\overline{IO}$，即为"0"表示访问接口，为"1"表示访问内存。

5）$\overline{DEN}$（Data Enable）：数据允许信号，可输出三态，低态有效。此信号有效时，表示 AD0～AD7 正用作数据总线 D0～D7，故用此信号将 AD0～AD7 引脚提供的数据 D0～D7 锁存在数据锁存器中。

特别提醒：对于 8086 来说，就是将 AD0～AD15 引脚提供的数据 D0～D15 锁存在数据锁存器中。

6）DT/$\overline{R}$（Data Transmit/$\overline{Data\ Receive}$）：数据收发器的传送方向控制，可输出三态，用于表示数据传送方向。此信号用于控制总线收发器 8286/8287 的传送方向。当此引脚为 1 时，表明 CPU 正处于发送数据（Data Transmit）的状态。当此引脚为 0 时，表明 CPU 正处于接收数据（Data Receive）的状态。

7）ALE（Address Lock Enable）：地址锁存允许信号，可输出三态。为高电平时，表示 AD0～AD7 正用作地址总线 A0～A7。常用它将 A0～A19 锁存到地址锁存器中。

特别提醒：对于 8086 来说，ALE 为高电平表示 AD0～AD15 正用作地址总线，常用于将 A0～A19 锁存到地址锁存器中。

8）READY。准备好信号，是输入引脚，高电平有效。它是由被访问的内存或 I/O 设备发出的响应信号。

① 当 Ready 为 1 时，表示内存或 I/O 设备已准备就绪，CPU 可对其进行读/写或 I/O 操作。

② 当 Ready 为 0 时，表示内存或 I/O 尚未准备好，CPU 不可对其进行读/写或 I/O 操作。

9）INTR（Interrupt）。可屏蔽中断请求信号，是输入引脚，高电平有效。CPU 在每条指令的最后一个机器周期中的最后一个时钟周期对该引脚采样，查看是否有外部中断请求。此引脚的中断请求可用指令对其进行屏蔽（又称关中断）。

10）$\overline{\text{INTA}}$（Interrupt Acknowledgement）。中断响应信号，是输出引脚，它是 CPU 对中断请求信号 INTR 的响应信号，可用作外部中断源的中断类型码的读选通信号。

11）NMI（Non-Maskable Interrupt）。不可屏蔽的中断请求信号，是输入引脚，由上升沿触发，施于此引脚上的外部中断请求是不可用软件（指令）对其进行屏蔽的，即 CPU 在执行完当前指令后，便进行中断响应过程。

12）RESET：复位信号。

3.4　8088 CPU 内部结构

8088 内部结构

8088 CPU 的内部结构如图 3-5 所示，包括执行单元（Execution Unit，EU）和总线接口单元（Bus Interface Unit，BIU）。

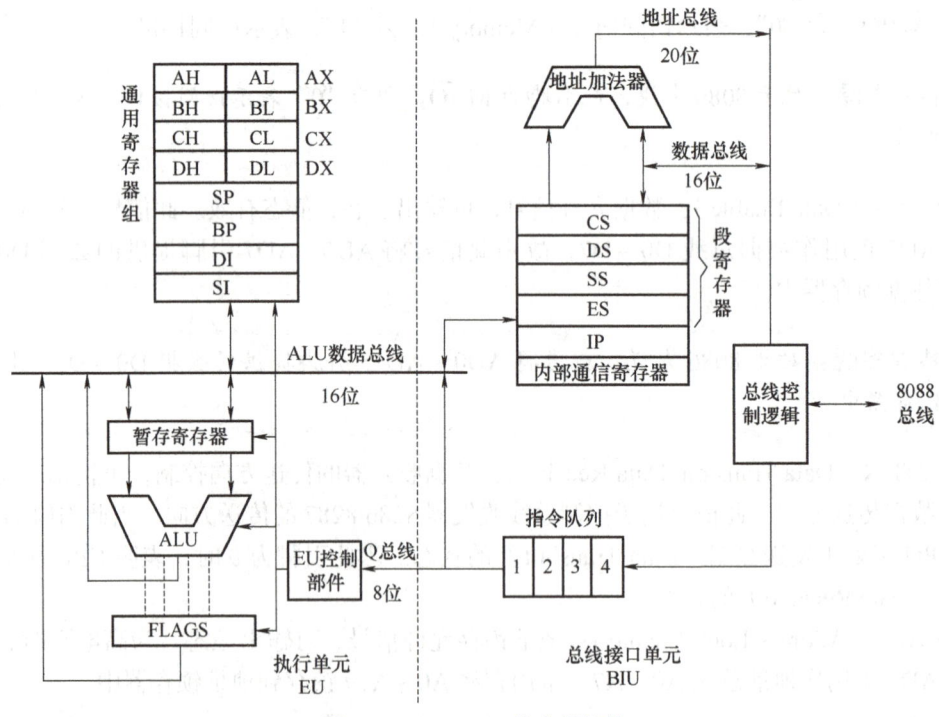

图 3-5　8088 CPU 的内部结构

3.4.1　总线接口单元 BIU

BIU 负责 CPU 与内存及 I/O 端口的数据交换。BIU 包括：① 4 个 16 位段地址寄存器，即代码段寄存器（Code Segment Register，CS），数据段寄存器（Date Segment Register，DS），附

加段寄存器（Extra Segment Register，ES）和堆栈段寄存器（Stack Segment Register，SS）。分别用于存放当前代码段、数据段、附加段和堆栈段的段基址。②一个 16 位指令指针（Instruction Pointer，IP）。IP 用于存放下一条要执行指令的有效地址（Effective Address，EA）。IP 的内容由 BIU 自动修改，通常是加 1。当执行转移指令、调用指令时，BIU 装入 IP 中的是转移目的地址。③地址加法器。加法器用于将段基址与偏移地址相加构成 20 位物理地址（见第 4 单元）。④ 6 个字节的指令预取队列。当执行单元 EU 正在执行指令中且不需要占用总线时，BIU 会自动预取下一条或几条指令，并按先后次序存入指令预取队列中排队，由 EU 按先进先出的顺序将指令取出后执行。⑤总线控制逻辑。总线控制逻辑用于产生并发出总线控制信号，以实现对内存和 I/O 端口的读/写控制。

BIU 的功能包括：负责与内存或 I/O 接口之间的数据传送，从内存中取指令到指令预取队列，在执行转移程序时，BIU 使指令预取队列复位，从指定的新地址取指令，并立即传给执行单元执行。

3.4.2 执行单元 EU

EU 负责指令的执行。EU 包括：①算术逻辑单元 ALU。ALU 完成 16 位或 8 位的二进制数的算术逻辑运算，绝大部分指令的执行都由 ALU 完成。运算时，数据先传送至 16 位暂存寄存器中，经 ALU 处理后，运算结果可通过内部总线送入通用寄存器或由 BIU 存入存储器。②标志寄存器 FR：用来反映 CPU 最近一次运算结果的状态特征或存放控制标志。FR 为 16 位，其中 7 位未用。③通用寄存器组：包括 4 个数据寄存器 AX、BX、CX、DX，其中，AX 又称为累加器。4 个专用寄存器，即基址指示器 BP、堆栈指示器 SP、源变址寄存器 SI 和目的变址寄存器 DI。④ EU 控制器：它接收从 BIU 指令队列中取来的指令，经过指令译码形成各种定时控制信号，向 EU 内各功能部件发送相应的控制命令，以完成每条指令所规定的操作。

EU 的功能包括：指令译码、指令执行、暂存中间运算结果和保持运算结果的特征。

3.4.3 BIU 和 EU 的动作管理

（1）取指令

BIU 从内存取指令并送到指令预取队列。取指令所需的地址由代码段寄存器 CS 提供 16 位段基址，再与指令指针 IP 中的 16 位偏移地址在地址加法器中相加得到 20 位物理地址，然后通过总线控制逻辑发出内存读命令，从而启动内存，从内存中取出指令并送入指令预取队列供 EU 执行。

（2）取操作数或存结果

EU 在执行指令的过程中若要取操作数或存结果，需要先向 BIU 发出请求，并提供操作数的有效地址。BIU 将根据 EU 的请求和提供的有效地址形成 20 位物理地址，并执行一个总线周期去访问内存或 I/O 端口，从指定存储单元或 I/O 端口取出操作数送交 EU 使用，或将结果存入指定的存储单元或 I/O 端口。如果 BIU 已准备好取指令同时又收到 EU 的申请，BIU 会先完成取指令的操作，然后再进行操作数的读写。

当 EU 执行转移、调用和返回指令时，BIU 先自动清除指令预取队列，再按 EU 提供的新地址去取指令。BIU 新取得的第一条指令将直接送到 EU 中去执行，然后，BIU 将随后取得的指令重新填入指令预取队列中。

下面具体说明 CPU 如何使用指令预取队列及 BIU 与 EU 的配合实现指令流水线操作。

① 当 8086 指令队列空 2 个字节时，BIU 会自动进行指令预取。

② EU 总是从队列头取指令并执行。若指令需通过总线操作访问其他部件（如内存、接口等），则请求 BIU 代为操作。BIU 若处在空闲状态则立即响应，否则在当前操作完成后立即响应。

③ 当指令队列已满，且当前执行的指令无总线操作请求，BIU 就进入空闲状态。

④ 当执行流程转向指令时（如转移、调用指令等），队列中的后续指令可能不是转向目的处的指令（8086 没有分支预测，只作顺序预取），这时 BIU 将自动清空队列，转向目的处重新取指令进入队列，这期间 EU 将无指令可执行。

3.5 通用寄存器组

通用寄存器组包括数据寄存器、地址指针和变址寄存器组。

3.5.1 数据寄存器

数据寄存器包括 AX、BX、CX、DX 共 4 个 16 位寄存器，主要用来保存算术、逻辑运算的操作数、中间结果和地址。它们既可以作为 16 位寄存器使用，也可以将每个寄存器高字节和低字节分开，作为两个独立的 8 位寄存器使用。当分开作为两个独立的 8 位寄存器使用时，每个 8 位寄存器也有自己的名称：AL、AH、BL、BH、CL、CH、DL、DH，如图 3-6 所示。

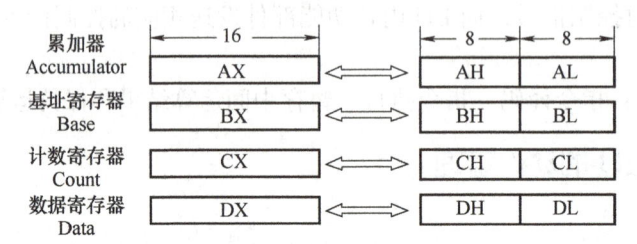

图 3-6 数据寄存器

当 16 位寄存器分成两个 8 位寄存器使用时，只能用于存放数据。

从图 3-6 所示的各个寄存器命名上可以了解到各寄存器的常用方式。AX 常用于累加，BX 常用于存储地址，CX 常用于计数，而 DX 常用于存储数据。

3.5.2 地址指针和变址寄存器组

地址指针和变址寄存器组包括 4 个 16 位寄存器，分别是堆栈指针 SP、堆栈基址寄存器指针 BP 及变址寄存器指针 SI 和 DI 等。它们主要用来存放或指示操作数的偏移地址。

> **特别说明**：什么是堆栈？
> 堆栈是一种数据结构，而且是一种数据项按序排列的数据结构。只能在一端（称为

栈顶（top））对数据项进行插入和删除。在微机中，堆栈是特殊的内存区域，主要功能是暂时存放数据和地址，通常用来保护断点和现场。

　　堆栈的一端是固定的，另一端是浮动的。所有数据存入或取出，只能在浮动的一端（栈顶）进行，并严格按照"先进后出"（First-In/Last-Out，FILO）的原则存取，位于其中间的元素，必须在其栈上部（后进栈者）诸元素逐个移出后才能取出。单片机应用中，堆栈是个特殊存储区，堆栈属于 RAM 空间的一部分，堆栈用于函数调用、中断切换时保存和恢复现场数据。堆栈中两个最重要的操作是 PUSH 和 POP。PUSH（入栈）操作：堆栈指针（SP）加 1，然后在堆栈的顶部加入一个字节。POP（出栈）操作：先将 SP 所指示的单元中内容送入直接地址寻址的单元中（目的位置），然后再将堆栈指针（SP）减 1。这两种操作实现了数据项的插入和删除。

堆栈

　　1）堆栈指针 SP。用于存放当前堆栈段中栈顶的偏移地址。堆栈操作指令 PUSH 和 POP 就是从 SP 中得到操作数的段内偏移地址的。

　　2）BP 是访问堆栈时的基址寄存器。BP 中存放的是堆栈中某一存储单元的偏移地址，SP、BP 通常和 SS 联用。

　　3）SI 和 DI 称为变址寄存器。它们通常与 DS 联用，为程序访问当前数据段提供操作数的段内偏移地址。SI 和 DI 除作为一般变址寄存器外，在串操作指令中，SI 规定用作存放源操作数（即源串）的偏移地址，称为源变址寄存器；DI 规定用作存放目的操作数（即目的串）的偏移地址，故称为目的变址寄存器，二者不能混用。由于串操作指令规定源字符串必须位于当前数据段 DS 中，目的串必须位于附加段 ES 中，所以 SI 和 DI 中的内容分别是当前数据段和当前附加段中某一存储单元的偏移地址。

　　当 SI、DI 和 BP 不作指示器和变址寄存器使用时，也可将它们当作一般数据寄存器存放操作数或运算结果。

3.6　专用寄存器组

　　专用寄存器包括 4 个段寄存器和两个控制寄存器。

　　1）段寄存器，包括代码段寄存器（Code Segment Register，CS）、数据段寄存器（Data Segment Register，DS）、堆栈段寄存器（Stack Segment Register，SS）和附加段寄存器（Extra Segment Register，ES），用于存放相应段的首地址。

　　2）控制寄存器，包括指令指针寄存器（Instruction Pointer，IP）和标志寄存器（Flag Register，FR）。IP 用于存放下一条指令的第一个操作码的偏移量。对指令寻址时，总是以 CS 为段基址，IP 为偏移量，以获取指令的物理地址。用户程序不能直接访问 IP 的值。FR 不是通常意义下的寄存器，而是一些彼此不相关的位构成的集合，如图 3-7 所示。16 位的 FR 中只使用了 9 位，包括 6 个状态位和 3 个控制位。状态位反映上一条算术或逻辑运算指令执行的结果，而控制位体现了程序员的意图。

　　① 进位标志位 CF：在加减运算后，当符号位出现进位或借位时，CF=1；否则，CF=0。在移位运算的循环运算中，CF 的值也可能被修改。

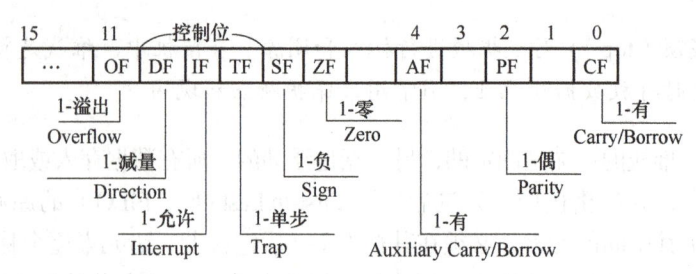

图 3-7 标志寄存器

② 奇偶标志位 PF：在运算结果的低 8 位中，"1" 的个数为偶数时，PF=1；否则，PF=0。不过，在实际编程中，这一位几乎不使用，因为奇偶校验有更好的方式。

③ 辅助进位标志位 AF：在加减运算中，如果是字节操作，那么，D3 位向 D4 位有进位或借位时，AF=1；如果是字操作，那么，D7 位向 D8 位有进位或借位时，AF=1；否则，AF=0。AF 一般在 BCD 码的加减运算中作为是否对 AL 中的值进行十进制调整的判断依据。

④ 零标志位 ZF：算术和逻辑运算的结果如果为 0，ZF=1；否则，ZF=0。

⑤ 符号标志位 SF：有符号数的算数或逻辑运算结果中符号位为 1 时，SF=1；否则，SF=0。

⑥ 溢出标志位 OF：OF 是 $D_{n-1} \oplus D_{n-2}$ 的结果，即当有符号数的运算溢出时，OF=1（说明超出了有符号数的表达范围）；否则，OF=0。OF 对无符号数的运算结果没有意义。

控制位用于设置控制条件，以便对相关的操作产生期望的控制作用，即体现程序员的意愿。

⑦ 跟踪标志位 TF：当 TF 置 "1" 时，每执行完一条指令便自动产生一个内部中断，程序暂停运行。这种方式称为单步工作方式。TF 有助于程序员对程序进行逐条检查，用于程序调试。

⑧ 中断标志位 IF：当 IF 置 "1" 时，表示 CPU 允许可屏蔽的中断请求 INT，又称为"开中断"；当 IF 置 "0" 时，表示 CPU 不响应 INT 的请求，又称为"关中断"。IF 对于不可屏蔽中断 NMI 及内部中断无效。

⑨ 方向标志位 DF：DF 决定了串操作的执行方向。若 DF=1，在字符串操作时按减地址的方向进行，即每处理完一个元素之后地址指针便自动减 1 或减 2（减 1 对应于字节的操作，减 2 对应于字的操作）；若 DF=0，在字符串操作时按加地址的方向进行，如图 3-8 所示。

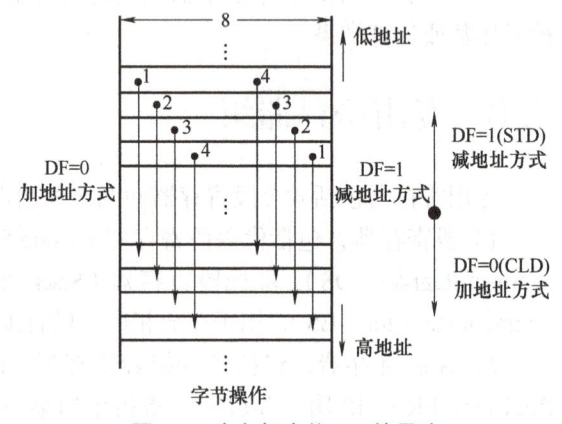

图 3-8 方向标志位 DF 的用法

综合分析

回到本单元开始的项目。同学们可以参考教材中的相关描述完成学习要求 1)，这里不再赘述。下面来讲解学习要求 2)。

由图 3-1 可见，Q0~Q7 是 74HC573 的输出引脚，而 74HC573 是地址锁存芯片，意味着当此芯片工作时，会将输入端的值锁存在输出端。因此，需要确定两个内容：①74HC573 这款芯片到底有没有在工作？②如果 74HC573 已经处于工作状态，那么，它此时的输入是多少？下面逐个问题进行分析。

首先，分析一下 74HC573 这款芯片到底有没有在工作。控制 74HC573 工作的引脚是 LE 和 $\overline{OE}$，其中，$\overline{OE}$ 是接地的，因此 $\overline{OE}$ 引脚一直有效。LE 引脚连接的是一个或非门，当此或非门的输入都为低电平时，此引脚为高电平有效。或非门的输入有 $\overline{CS}$ 片选信号和 $\overline{WR}$ 信号。由于此时程序执行的功能是写入数据，因此 $\overline{WR}$ 信号是低电平有效。再来看 $\overline{CS}$ 信号，它是译码器 74HC138 的输出。译码器的输入是 A5~A7，此时执行的指令是"向 00COH 端口写入 55H"，即 A5=0、A6=1、A7=1，经过 74HC138 译码后，Y6 引脚为低电平，其他引脚为高电平，因此，$\overline{CS}$ 为低电平。由于 $\overline{CS}$ 和 $\overline{WR}$ 都是低电平的，因此或非门的输出就是高电平，也就是说 74HC573 这款芯片是处于工作状态的。

其次，分析一下 74HC573 这款芯片的输入信号。观察电路连接图可以发现，74HC573 的输入就是 D0~D7，它们就是 8086 的数据线。由于此时执行的指令是"向 00COH 端口写入 55H"，意味着 D0~D7 上面的数据就是 55H（0101 0101），因此，在 74HC573 的输出端 D0、D2、D4、D6 是 1，D1、D3、D5、D7 是 0。

归纳总结

本单元介绍了微处理器，也就是大家常说的"芯片"。芯片有多重要呢？

当前我国数字经济蓬勃发展，已成为经济增长和社会发展的关键力量。大数据、云计算、物联网、人工智能的快速发展，使得数字经济出现了新一轮产业革命和科技变革新机遇的战略选择。芯片产业作为数字经济中的"硬科技"，正得到前所未有的重视，迎来加速发展的新机遇，同时这也深刻影响着各行各业的数字化发展。

虽然本单元介绍的不是体积最小、技术最新的处理器，但是从这款处理器的设计和功能中，可以学习到芯片的主要构造和主要功能，相当于构建了一个框架，对此感兴趣可以继续研究最新技术的进展。本单元主要学习芯片内部的构造和外部引脚的功能，以便后续继续学习指令系统和接口的应用。

思考与练习

1. 解释下列名词：
（1）最小工作模式 （2）最大工作模式
2. 8086CPU 中 EU 和 BIU 的功能是什么？它们是如何工作的？
3. 为什么 8086 地址总线是单向的，而数据总线是双向的？
4. 8086CPU 中有哪些寄存器？各有什么功能？
5. 将十六进制数 5678H 和以下各数相加，试求加法运算的结果及运算后标志寄存器中 6 个状态标志的值，用十六进制数表示运算结果。
（1）7834H （2）1234H （3）8765H
6. 8086CPU 可寻址的存储器地址范围是多少？可寻址的 I/O 接口地址范围是多少？

7. 若8086CPU工作于最小模式，试指出当CPU完成将AH的内容送到存储单元的操作过程中，以下信号为低电平还是高电平：M/#IO、#WR、#RD、DT/#R。若CPU完成的是将I/O接口的数据送到AL的操作，则上述信号应为什么电平？

8. 简述AD0和$\overline{\text{BHE}}$/S7的作用。

9. 简述8086系统复位后各寄存器的状态。

10. 8086系统中为什么一定要有地址锁存器？需要锁存哪些信息？

11. 简述8086系统最小工作模式读周期和写周期时序的不同之处。

12. 简述8086系统最小工作模式读周期和8086系统最大工作模式读周期的不同之处。

单元 4

实模式存储器寻址

学习目标

● **知识目标**
1. 掌握内存分为几个段；
2. 掌握段基址的含义；
3. 掌握偏移地址的含义；
4. 掌握物理地址的计算方法。

● **能力目标**
1. 能够准确地根据给定逻辑地址计算物理地址；
2. 能够根据段基址数据判断给定地址属于哪个段；
3. 能够描述内存分段的方式。

● **素质目标**
1. 学会用复用的方法解决工程实际问题；
2. 锻炼分析问题、解决问题的能力；
3. 数据管理、时间管理、分类管理，注重管理思维的建立；
4. 从实际问题出发，灵活应对变化，不拘泥、不固化思维。

学习重难点

1. 物理地址的计算；
2. 逻辑分段。

学习背景

内存储器是进行分段管理的，分为 CS、DS、SS 和 ES 4 个段。

> **学习要求**

内存储器为什么要分段管理？请简述理由。生活中有没有类似的场景，也是用这种方式处理问题的？

> **知识准备**

4.1 内存的分段管理

计算机的内存以"字节"为最小存储单元并进行线性编址。为了便于访问每个存储单元，给每个存储单元规定一个编号，这个编号就是该存储单元的物理地址（Physical Address，PA）。存储单元的物理地址是一个无符号的二进制数，通常为了简化书写，将物理地址用十六进制来表示，如 56789H。

8088/8086 CPU 有 20 根地址线，意味着其可编码的区间是 00000H～0FFFFFH。即它可直接访问的物理空间为 1MB（2^{20}B）。那么，CPU 如何存放这 20 位的地址信息呢？在第 3 单元，我们已经知道了 8088/8086 CPU 内部可以用来存放信息的寄存器都是 16 位的，这意味着它们的编码范围仅为 0000H～0FFFFH。也就是说，使用这些寄存器来访问内存，只能访问内存中 64KB（2^{16}B）的空间。为了能够使用 16 位寄存器有效地访问 1MB 的存储空间，8088/8086 CPU 采用了内存分段管理的模式，并引入了段寄存器的概念。

8088/8086 CPU 将内存划分成若干个逻辑段，每个逻辑段的要求如下。

1）逻辑段的起始地址（通常简称为段基址）必须是 16 的倍数，即如果用二进制表示这个地址，其最低 4 位二进制数应全是 0。

2）逻辑段的最大容量是 64KB，这是由 16 位寄存器的寻址空间所决定的。

按上述规定，1MB 内存最多可划分成 2^{16} 个段，即 65536 个段（段之间相互重叠），最多可划分成 16 个相互不重叠的段。

图 4-1 是内存各逻辑段的分布情况示意图，其中有相连的段、不相连的段及相互重叠的段。

基于这种分段的内存管理方法，8088/8086 CPU 仅用两个 16 位寄存器就可以合成 20 位的物理地址，进而访问 1MB 的内存空间。同时，内存分段管理对程序的重定位、浮动地

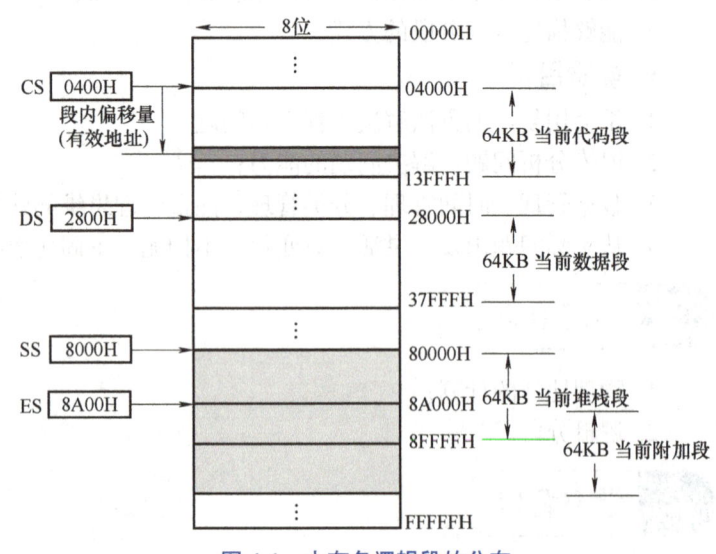

图 4-1 内存各逻辑段的分布

址的编码和提高内存的利用率等方面都具有重要的实用价值。

4.2 物理地址的计算

由于规定段基址必须是 16 的倍数,所以段基址的一般形式为 ××××0H,即前 16 位二进制位是变化的,后 4 位是固定为 0 的。鉴于段基址的这种特性,可以仅保存其前 16 位二进制位,当使用时再通过"左移 4 位补 0"的操作获得整个段基址。这样做的好处是,段基址从 20 位转换成 16 位,从而可以用 16 位寄存器保存。

物理地址计算

【例 4-1】 内存中某段的首地址是 80000H,请问段基址是?

某段的首地址对应的就是段基址的内容。已知,段基址的二进制表示的后 4 位必须为 0,而且只需要记录其前 16 位。因此,这个段的段基址可以记为 8000H。

要确定存储单元在内存某段的具体位置,还必须知道该单元离该段的段基址有多远。通常把存储单元的实际地址与其所在段的段基址之间的距离称为段内偏移地址,也称为有效地址(EA)或偏移量(Offset)等。例如,偏移地址 =0064H,表示该内存单元距离段起始地址有 100 个字节;偏移地址 =0,表示该内存单元就是该段的起始单元。偏移量也是 16 位的,这就是 8088/8086 CPU 规定一个逻辑段最大是 64KB 的原因。

有了段基址和偏移量,就能唯一地确定某一内存单元在内存中的具体位置。

由此可见,存储单元的逻辑地址分为两部分:段基址和偏移量。通常写为:段基址:偏移量。由逻辑地址的两部分计算出物理地址的过程如下:

$$物理地址 PA = 段基址 \times 16 + 偏移量 \qquad (4-1)$$

这是十进制的表示方法,如果用二进制表示,那么计算存储单元物理地址的公式可表达为:将段基址"左移 4 位补 0"再加上偏移量。如果用十六进制表示,那么计算存储单元物理地址的公式可表达为:将段基址"左移 1 位补 0"再加上偏移量。图 4-2 是物理地址的计算示意图。

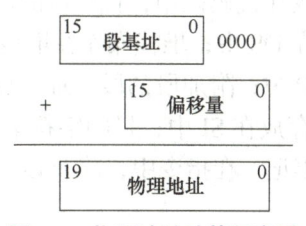

图 4-2 物理地址计算示意图

【例 4-2】 某内存单元的逻辑地址为 2500H:95F3H,它的物理地址是什么?

此内存单元的逻辑地址计算如图 4-3 所示。

其物理地址为 2E5F3H。

对于确定的物理地址,当段基址发生变化时,只要相应地调整偏移量,即可得到同一个物理地址。因此,同一个物理地址可有多个逻辑地址,如图 4-4 所示。

```
段基址左移1位补0
  2 5 0 0 0 H
+     9 5 F 3 H
  2 E 5 F 3 H
```

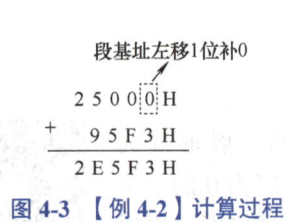

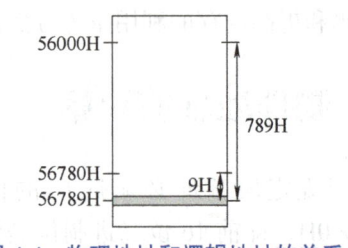

图 4-3 【例 4-2】计算过程

图 4-4 物理地址和逻辑地址的关系

【例 4-3】 某内存单元的物理地址为 82456H，请为它写出两个可能的逻辑地址。

物理地址 82456H 对应的逻辑地址可以有多个，例如，8200H：456H 或 8240H：56H。

4.3 逻辑地址的来源

在 8088/8086 CPU 中，某些情况下逻辑地址的两部分的来源是确定的。例如，取指令时，指令的段基址来自 CS，指令的偏移地址来自 IP。其他情况见表 4-1。

表 4-1 段基址和偏移量的默认表

操作类型	段基址：偏移量
取指令	CS：IP
堆栈操作	SS：SP
读写数据	DS：EA（默认）：（由各种寻址方式获得）
字符串操作（源地址）	DS（默认）：SI
字符串操作（目的地址）	ES：DI

一般来说，指令、代码都存放在代码段中，代码段的段基址存放在 CS 中；数据存放在数据段中，数据段的段基址存放在 DS 中；堆栈操作在堆栈中进行，堆栈段的段基址存放在 SS 中，堆栈的栈顶指针存放在 SP 中；附加段的段基址存放在 ES 中。在字符串操作中，源字符串总是来自数据段，偏移量存放在 SI 中；目的字符串在附加段，偏移量存放在 DI 中。以上这些内容是约定好的，需要牢记。在指令中，除非必要，段基址通常是省略不写的，但是需要清楚去哪里取数据。

【例 4-4】 已知代码段的段基址为 8000H，指令指针寄存器为 1000H，数据段的段基址为 4000H，堆栈段的段基址为 1000H，栈顶的偏移地址为 20H。请计算下列逻辑地址对应的物理地址：CS：IP、DS：[1020H]、SS：SP。

根据题目已知条件，CS=8000H，IP=1000H，那么，CS：IP 对应的物理地址为：81000H。DS：[1020H] 中的 DS=4000H，[1020H] 是偏移地址，那么它对应的物理地址为：41020H。SS=1000H，SP=20H，那么 SS：SP 对应的物理地址为 10020H。

综合分析

回到本单元开始的项目，其实内存储器分段的原因主要是受偏移量位数的限制。由于偏移量只有16位，能够寻址的范围非常有限，因此将内存储器分成若干段分别管理。这些若干段之间主要用段地址区分，偏移量即使重复也不会影响数据的正确存储，而且分段后其实更便于对数据的管理。这就好像在收纳衣服时，将夏天的衣服放在一处，将冬天的衣服放在另一处，这样更便于依据季节找到合适的衣服。

生活中利用类似思路处理问题的例子很多。例如，对不同楼层的房间门牌号的定义。一般不会从一楼的第一个房间一直顺序增加门牌号直到顶楼的最后一个房间。试想一下，如果这样定义，那要找到正确的房间得多难呀。一般对房间的定义都包含了两个部分：前面的部分是楼层号，后面的部分是房间在这一层楼的序号。例如，902，就是9层的第2个房间。不同的楼层都可以有第2个房间，但是只要用楼层号去区分，就可以快速准确地找到对应的房间。

归纳总结

本单元介绍了内存储器的地址，这一点非常重要，它是后续学习指令系统的关键。指令系统其实就是告诉CPU去哪里取数据，然后如何处理这些数据，最后再把这些数据存放在哪个位置。无论是取数据还是存数据，都可能涉及存储单元的地址。因此，如果不能正确获得存储单元的地址，就不能正确取数据和存数据，也就不能得到正确的结果。对于微型计算机来说，所有的指令都是按部就班地执行的，其中任意一条指令执行的结果有误，那么整段程序可能都错了，因此，地址的计算是非常关键的。

同时，内存储器地址的定义也体现了人类的智慧。从这些简单处理看到工程师们遇到问题是如何解决的。由于硬件条件的限制，导致数据总线只有16根，因此，20位的地址要分成两个部分，通过计算才能得出。这里就是通过复用16位的数据线得到20位地址解决问题的。复用的概念已经提到很多次了，之前是硬件上的复用，现在是软件上的复用，可见，在资源受到限制时，复用是一个非常常用且好用的处理问题的方法。

思考与练习

1. 解释下列名词：
（1）逻辑地址 （2）偏移地址 （3）有效地址 （4）物理地址
2. 8086 CPU的物理地址是如何计算的？
3. 8086 CPU的内存储器分成哪几个段？每个段的段基址应如何表示？
4. 8086 CPU内存储器中各段是如何划分的？是否可以重叠？
5. 代码段的段基址为8200H，指令指针寄存器为800H，数据段的段基址为2000H，堆栈段的段基址为1000H，栈顶的偏移地址为20H。请计算下列逻辑地址对应的物理地址：CS：IP、DS：[20H]、SS：SP。

单元 5
8086 指令系统

学习目标

● **知识目标**

1. 掌握操作数的概念；
2. 掌握寻址方式；
3. 掌握数据传送指令、算术运算指令、逻辑运算和移位指令、串操作指令、程序控制指令的用法；
4. 掌握指令执行的时间。

● **能力目标**

1. 能够准确地识别寻址方式；
2. 能够正确使用数据传送指令、算术运算指令、逻辑运算和移位指令、串操作指令、程序控制指令；
3. 能够根据要求使用指令实现指定的功能。

● **素质目标**

1. 指令系统遇"卡脖子"难题，"龙芯"实现技术自强，坚定科技强国的信心；
2. "堆栈"对数据"先进后出"的处理方法，可被用于解决实际问题；
3. 注重指令系统的操作规则和操作规范；
4. 串操作指令对一串字符进行整体搬移，需要指定起点、方向和规模，这种处理问题的思路也可被用于解决实际问题。学会这种常用的处理工程问题的方法。

学习重难点

1. 寻址方式；
2. 数据传送指令、算术运算指令、逻辑运算和移位指令、串操作指令、程序控制指令。

学习背景

汇编语言操作数有三种，分别是立即数、寄存器操作数和存储器操作数。

学习要求

1）请说明下列指令分别使用什么操作数。
① AND AL，0FH
② ADC AL，BL
③ LEA BX，[SI]

2）请在 Masm 软件中新建程序，分别输入学习要求 1）中的指令，并使用 T 命令逐个执行命令，查看结果并截图。通过观察，说明每一条指令执行前后目的操作数和源操作数的变化。

知识准备

5.1 指令系统概述

指令是控制计算机完成指定操作，并能够被计算机识别的命令。几个常见的概念介绍如下。

① 机器指令：是指令的二进制代码形式。例如，CD21H（11001101 00100001）。
② 汇编指令：是以字符形式写成的指令。例如，INT 21H。
③ 指令系统：是 CPU 所有指令及其使用规则的集合。

指令由操作码和操作数组成，如图 5-1 所示。

操作码 [目的操作数]，[源操作数]

图 5-1　指令的构成

指令的构成

操作码用来说明要执行什么操作，例如，"MOV" 是英文 Move 的简写，它作为操作码表示将数据从一个位置传送到另一个位置；"ADD" 是英文 Addition 的简写，它作为操作码表示求两数之和。请将操作码与其英文全称联系起来记忆。操作数是待操作的对象。操作数分源操作数和目的操作数。源操作数是操作数的来源，目的操作数既是操作数的来源也指出了操作结果的去向，即目的操作数必须是能够存储数据的空间。如图 5-1 所示，目的操作数是靠近操作码的操作数，而源操作数是远离操作码的操作数。

【例 5-1】 请查看指令 MOV AX，BX，并填写表 5-1。

表 5-1　例题表

操作码	源操作数	目的操作数

59

对照图 5-1，可知 MOV 表示要执行的操作，是操作码，AX 和 BX 是操作数。其中，AX 靠近 MOV，是目的操作数；BX 远离 MOV，是源操作数。这条指令的含义是将 BX 中存储的 16 位的数据（一个字）传送至 AX 中。

图 5-1 中显示的是指令的一般形式。实际上，指令中操作数的个数可能是两个，也可能只有一个或没有操作数。例如，INC BX，这条指令中只有一个操作数，就是 BX，显然，BX 是目的操作数。这条指令的含义是将 BX+1，并将结果保存在 BX 中。可见，BX 既是数据的来源也是保存操作结果的地方。再如，HLT，这条指令只有操作码没有操作数，这是因为它要操作的对象就是 CPU 本身，所以可以不必说明，在指令中就没有操作数。通常，如果操作码要操作的对象是确定不可变的，那么在指令中操作数可以省略不写。

【例 5-2】 请将指令与操作数的个数匹配起来。
SUB　AX, BX　　　　0
PUSH　AX　　　　　 1
CBW　　　　　　　　2

SUB AX, BX 这条指令中有两个操作数，分别是 AX 和 BX。其中，AX 是目的操作数，BX 是源操作数。PUSH AX 这条指令中的操作数只有一个，就是 AX。CBW 这条指令中没有操作数。

5.2 操作数的分类

操作数主要分三类，包括立即数操作数、寄存器操作数和存储器操作数。

1）立即数操作数。立即数操作数是常数，如 3ACFH，它不因指令的执行而发生变化。由于立即数操作数不能表示存储数据的空间位置，因此立即数操作数只能做源操作数，不能做目的操作数。

【例 5-3】 判断下列指令是否正确。
　　　　　　　　　　MOV　0FFFFH, AX

在这条指令中，0FFFFH 是立即数操作数，它只能做源操作数，不能做目的操作数，因此这条指令中将 0FFFFH 放在目的操作数的位置上是不对的。

2）寄存器操作数。寄存器操作数是指存放在 8 个通用寄存器（AX、BX、CX、DX、SP、BP、SI 和 DI）或 4 个段寄存器（CS、DS、ES 和 SS）中的操作数。寄存器操作数既可用作源操作数，也可用作目的操作数。但控制寄存器 IP 和 FR 不能用作操作数。

【例 5-4】 请查看指令 MOV AX, 0FFFFH 并填写表 5-2。

表 5-2　例题表

操作码	源操作数	目的操作数	立即数操作数	寄存器操作数

在指令 MOV AX, 0FFFFH 中, MOV 是操作码, AX 是目的操作数, 0FFFFH 是源操作数。同时, AX 是寄存器操作数, 0FFFFH 是立即数操作数。

3) 存储器操作数。存储器操作数指向内存空间的一个地址, 例如, [1020H], 这里的方括号表示内存空间, 方括号里面的数字表示该内存空间的偏移地址。如果该内存空间属于数据段, 那么它的段基址在 DS 中, 它的逻辑地址为 DS:1020H, 从而可以计算出它的物理地址, 并找到这个内存单元。可见, 为了正确地寻址存储器操作数 (即找到存储器操作数所在的位置), 首先必须确定该存储器操作数所在的段, 进而确定存放段基址的段寄存器。若指令中没有明确指定段寄存器, 就采用默认的段寄存器。

存储器操作数既可做源操作数, 也可做目的操作数。但是, 除串操作以外, 在其他指令中不允许源操作数和目的操作数同时为存储器操作数。

【例 5-5】请判断表 5-3 所列指令对错, 如果正确, 请在备注栏中说明源操作数的类别, 如果错误, 请给出理由。

表 5-3 判断指令对错 (一)

指令	请判断 (√或×)	备注
MOV AX, [1200H]		
MOV BX, 1200H		
MOV [1200H], [1500H]		

指令 MOV AX, [1200H] 是正确的。其中, [1200H] 是源操作数, 而且是寄存器操作数。由于没有明确给出段寄存器的位置, 对于数据来说, 默认段就是数据段, 所以 [1200H] 指向的是数据段中偏移地址为 1200H 和 1201H 的内存单元。至于为什么是两个内存单元而不是一个内存单元, 在讲解 MOV 指令时就会揭晓。指令 MOV BX, 1200H 也是正确的。其中, 1200H 是源操作数, 而且是立即数操作数。在指令 MOV [1200H], [1500H] 中, 源操作数 [1500H] 是存储器操作数, 目的操作数 [1200H] 也是存储器操作数。除串操作以外, 其他指令中不允许源操作数和目的操作数同时为存储器操作数。因此, MOV [1200H], [1500H] 指令是错误的。

5.3 指令执行的时间

一条指令的执行包括取指令、取操作数、执行指令和传送结果等操作。因此, 执行一条指令的时间可能需要多个时钟周期。那么, 如何加速这个过程呢? 其实还是有一些小技巧的。首先, 考虑加速取操作数的过程。操作数有立即数操作数、寄存器操作数和存储器操作数。其中, 立即数操作数是和指令一起存放在代码段的。因此, 在取指令时就可以将立即数操作数一起取出。可见, 取立即数操作数的速度是最快的。

寄存器操作数存放在寄存器中, 需要 CPU 根据寄存器的名称去相应的寄存器中取数据。由于寄存器就在 CPU 内部, 而且数量不多, 因此 CPU 访问寄存器的速度还是很快的。所以说, 取寄存器操作数的速度也比较快。

取存储器操作数的速度相对较慢。因为 CPU 要先基于存储器操作数中的偏移地址和其段地址计算出 20 位的物理地址，然后再通过系统总线与内存交互，找到内存单元的地址，并从该地址读取数据。

综上，取立即数操作数的速度最快，取寄存器操作数的速度次之，取存储器操作数的速度最慢。因此，如果要操作的数据是常数，就使用立即数操作数。首先，如果是变量，优先使用寄存器操作数。其次，从指令执行速度来看，CPU 进行逻辑运算的速度比算术运算的速度快。所以，如果用逻辑运算或移位运算代替算术运算，就可以加速指令的执行速度。最后，如果运算结果要放入内存单元中，那么尽量使用比较简单的寻址方式。

5.4 寻址方式

"址"即地址，寻址就是找到存储器操作数的地址。如无特别说明，寻址指的是寻找源操作数的地址。寻址方式有 8 种：立即寻址、寄存器寻址、直接寻址、寄存器间接寻址、寄存器相对寻址、基址-变址寻址、相对基址-变址寻址和隐含寻址。

1）立即寻址。指令格式如图 5-2 所示。

立即数作为指令的一部分存放在代码段，紧跟在操作码的后面，这种寻址方式称为立即寻址，如图 5-3a 所示。

操作码 [目的操作数]，立即数

图 5-2 立即寻址的指令格式

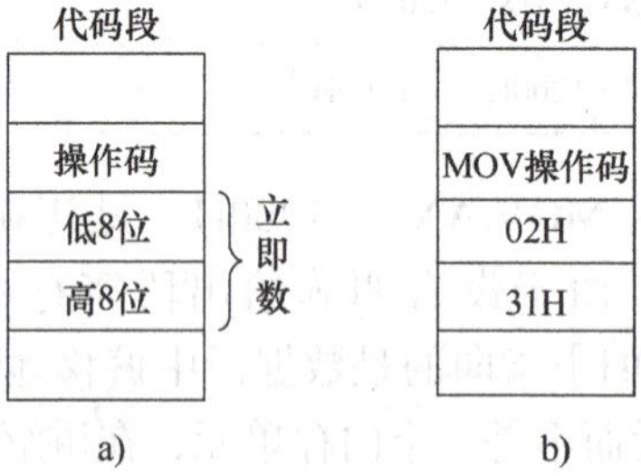

图 5-3 立即寻址指令在内存中的存放形式

【例 5-6】 MOV AX, 3102H 在内存中的存放形式和运行结果。

在指令 MOV AX, 3102H 中，3102H 是立即数，属于立即寻址方式。该指令在内存中的存放形式如图 5-3b 所示。由于 3102H 是 16bit，需占用两个连续的字节，这两个连续的字节紧跟在 MOV 操作码的后面存放在代码段中。这条指令的含义是将 3102H 传送到 AX 中。其中，31H 是立即数的高字节，02H 是立即数的低字节，因此，该指令执行后，31H 被传送到 AH 中，02H 被传送到 AL 中。

特别说明：立即数没有字长大小的限制。因为在立即数的前面加任意多的 0 都不会影响立即数的大小。因此，这条指令 MOV AX, 02H 也是正确的。传输完成后，AL=02H，AH=00H。

2）寄存器寻址。指令的格式如图 5-4 所示。

将源操作数放在某个寄存器中的寻址方式是寄存器寻址。在指令中，要求"，"两边操作数的字长大小要一致，即源操作数和目的操作数的字长相同。

操作码 [目的操作数]，寄存器名称

图 5-4 寄存器寻址的指令格式

【例 5-7】 请判断表 5-4 所列指令的对错，如果错误请给出理由。

表 5-4 判断指令对错（二）

指令	请判断（√或 ×）	备注
MOV AX, BX		
MOV BL, AX		
MOV BL, CH		

MOV AX，BX 这条指令是正确的。因为","两边都是寄存器，而且寄存器的字长大小一致，都是 16bit。MOV BL，AX 这条指令是错误的。因为","两边寄存器的字长不一致，BL 是 8bit，AX 是 16bit。MOV BL，CH 这条指令是正确的。因为","两边寄存器的字长一致，BL 是 8bit，CH 也是 8bit。

寄存器寻址跟段基址无关。因为寄存器存在于 CPU 中而不是内存中，所以对于寄存器来说，没有段的概念。要注意寄存器中的 16 位数据的存放，低 8 位数据存放在低字节中，高 8 位数据存放在高字节中。

【例 5-8】 指令 MOV [3F00H]，AX；若 DS 为 2000H，AX=3412H，则指令执行后数据在内存中如何存放？

指令 MOV [3F00H]，AX 是将 AX 的内容传送到数据段中偏移地址是 3F00H 和 3F01H 的两个连续内存单元中。为什么是 3F00H 和 3F01H 两个连续的内存单元呢？因为要求","两边的字长要一致，AX 是 16bit 的数据，那么 [3F00H] 也要对应能够存储 16bit 数据的内存空间。一个内存空间只能存储一个字节，即 8bit，因此，需要两个连续的内存空间来存储 16bit。默认 [3F00H] 表示两个连续的内存空间中的起始地址，另一个地址就是 [3F01H]。又因为 [3F00H] 是两个连续内存空间中地址比较低的那个，因此它要存放 AL 的内容，而 [3F01H] 是两个连续内存空间中地址比较高的那个，因此它要存放 AH 的内容。最终，数据在内存中的存放形式如图 5-5 所示。

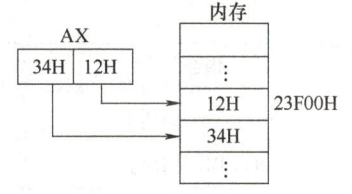

图 5-5 【例 5-8】数据的传输过程

3）直接寻址。指令的格式如图 5-6 所示。

在指令中直接给出存储器操作数的 16 位偏移地址（也称为有效地址 EA），这种寻址方式称为直接寻址。如无特别说明，一般操作数都是存放在数据段中，即默认的段寄存器为 DS。

操作码 [目的操作数]，[EA]

图 5-6 直接寻址的指令格式

【例5-9】 指令MOV AX，[3102H]；若DS为2000H，[23102H]=CDH，[23103H]=ABH，则指令运行后AX=？

指令MOV AX，[3102H]中的[3102H]是直接寻址，默认存储单元在数据段，即段基址为DS=2000H。要求"，"两边的字长要一致，即指令中[3102H]对应代码段中两个连续的单元。已知段基址为2000H，可以计算出源操作数所在的物理地址为23102H和23103H，其中，[23102H]存储了待传输数据的低字节，[23103H]存储了待传输数据的高字节。因此，传输完成后，AX=ABCDH，如图5-7所示。

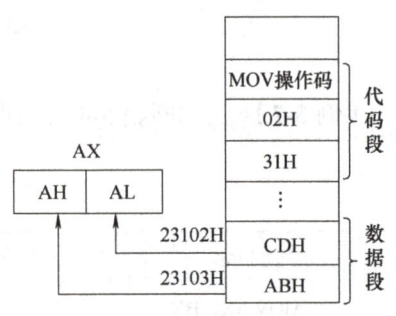

图5-7 【例5-9】数据的传输过程

如果操作数存放在其他段而非数据段，则需要在指令中写明。例如，MOV AX，ES：[1200H]，就是指定偏移地址为[1200H]的内存单元在附加段。这种写法称为段超越前缀。

直接寻址中，偏移地址也可以用符号地址来表示。例如，MOV AX，NUMA。这里NUMA是存放操作数的内存单元的符号地址。这条指令也可以写成MOV AX，[NUMA]。

4）寄存器间接寻址。指令的格式如图5-8所示。

操作码 [目的操作数]，[间址寄存器]

图5-8 寄存器间接寻址的指令格式

存储器操作数的偏移地址存放在寄存器中，并把寄存器放在方括号里，这种寻址方式称为寄存器间接寻址。只有SI、DI、BX和BP可以用来存放偏移地址，因此它们也被称为间址寄存器。其中，SI、DI、BX用来存放偏移地址时，默认的段寄存器是DS，即操作数的物理地址计算如下：

$$DS \times 10H + BX \tag{5-1}$$

$$DS \times 10H + SI \tag{5-2}$$

$$DS \times 10H + DI \tag{5-3}$$

当BP用来存放偏移地址时，默认的段寄存器是SS，即操作数的物理地址可计算如下：

$$SS \times 10H + BP \tag{5-4}$$

【例5-10】 请判断表5-5所列指令的对错，如果错误请给出理由。

表5-5 判断指令对错（三）

指令	请判断（√或×）	备注
MOV AX，[BX]		
MOV BL，[BP]		
MOV BL，CH		
MOV BL，[DX]		

指令MOV AX，[BX]是正确的，它使用的是寄存器间接寻址，并使用间址寄存器BX来存放偏移地址；指令MOV BL，[BP]是正确的，它使用的是寄存器间接寻址，并使用间址寄存器BP来存放偏移地址；指令MOV BL，CH是正确的，它使用的是寄存器寻址，"，"

两边寄存器的字长相等；指令 MOV BL,［DX］是错误的，它使用的是寄存器间接寻址，但 DX 不是间址寄存器，不能用于存放偏移地址。

【例 5-11】 请查看指令 MOV AX,［DI］，若 DS=8000H，DI=1030H，［81030H］=44H，［81031H］=33H，那么指令执行后，AX=？

在指令 MOV AX,［DI］中，DI 被放在方括号中，因此是寄存器间接寻址。使用的间址寄存器是 DI，DI 中存储了内存单元的偏移地址 1030H，默认的段寄存器是 DS。由题目的已知条件可以计算出内存单元的物理地址为 81030H 和 81031H。其中，［81030H］中存放的内容将会传送到 AL 中，［81031H］中存放的内容将会传送到 AH 中，因此指令执行后 AX=3344H，如图 5-9 所示。

5）寄存器相对寻址。指令的格式如图 5-10 所示。

操作码 ［目的操作数］,［间址寄存器］位移量
操作码 ［目的操作数］, 位移量[间址寄存器]
操作码 ［目的操作数］,［间址寄存器+位移量］

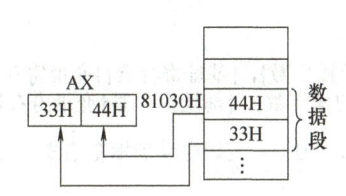

图 5-9 【例 5-11】数据的传输过程　　图 5-10 寄存器相对寻址的指令格式

在间址寄存器的基础上再加 8 位或 16 位的位移量，这种寻址方式称为寄存器相对寻址。位移量可以放在方括号中与寄存器相加，也可以放在方括号的前面或后面。

【例 5-12】 请判断表 5-6 所列指令的对错，如果错误请给出理由。

表 5-6 判断指令对错（四）

指令	请判断（√或 ×）	备注
MOV AX,［BX］5		
MOV AX,［BP5］		
MOV BL, VAR［AX］		

指令 MOV AX,［BX］5 是正确的，BX 作为间址寄存器被放在方括号中，方括号外面的 5 是位移量，可以放在方括号的后面；指令 MOV AX,［BP5］是错误的，BP 作为间址寄存器被放在方括号中，方括号里面的 5 是位移量，当位移量放在方括号的里面时，要写成与间址寄存器相加的形式，即［BP+5］；指令 MOV BL, VAR［AX］是错误的，VAR 作为位移量放在方括号的前面没有问题，但 AX 不是间址寄存器，不能放在方括号中。

寄存器相对寻址方式常用于查询表格或一维数组中的元素。把表格的起始地址存放在间址寄存器中，位移量存放待查询元素的下标；或者反过来，将表格的起始地址存放在位移量中，间址寄存器中存放待查询元素的下标。

【例 5-13】 请查看指令 MOV AX, VAR［BX］，若 DS=8000H，BX=1030H，［81030H］=44H，［81031H］=33H，［81038H］=22H，［81039H］=11H，VAR=08H，那么指令执行后，AX=？

在指令 MOV AX, VAR［BX］中，BX 被放在方括号中，而且方括号的前面有 VAR，

因此是寄存器相对寻址。使用的间址寄存器是 BX，BX 中存储了内存单元的偏移地址 1030H，默认的段寄存器是 DS。内存单元的物理地址应为 DS×10H+BX+VAR=81038H 和 81039H。其中，[81038H]中存放的内容将传送到 AL 中，[81039H]中存放的内容将传送到 AH 中，因此指令执行后 AX=1122H，如图 5-11 所示。

6）基址 - 变址寻址。指令的格式如图 5-12 所示。

存储器操作数的偏移地址存放在两个方括号中，一个方括号里是基址寄存器 BX 或 BP，另一个方括号是变址寄存器 SI 或 DI，这种寻址方式称为基址 - 变址寻址方式。这种情况下，存储器操作数的偏移地址是基址寄存器与变址寄存器的和。当然，基址寄存器和变址寄存器也可以写在同一个方括号内用 "+" 相连。

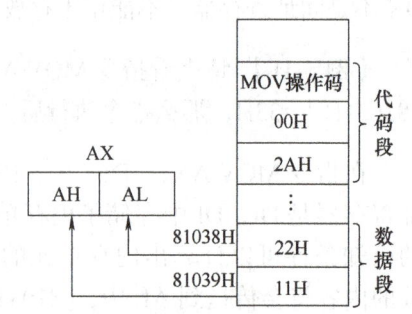

图 5-11 【例 5-13】数据的传输过程

操作码 [目的操作数], [基址寄存器] [变址寄存器]
操作码 [目的操作数], [基址寄存器+变址寄存器]

图 5-12 基址 - 变址寻址的指令格式

基址 - 变址寻址方式下，存储器操作数的段基址由基址寄存器决定。如果基址寄存器是 BX，那么默认段寄存器就是 DS；如果基址寄存器是 BP，那么默认段寄存器就是 SS。可以使用段超越前缀修改段寄存器。

【例 5-14】 请查看指令 MOV AX, [BX][SI], 若 DS=8000H, BX=1030H, SI=800H, [81830H]=11H, [81831H]=22H，那么指令执行后，AX=？

指令 MOV AX, [BX][SI] 的源操作数是 [BX][SI]，属于基址 - 变址寻址。其中，BX 是基址寄存器，SI 是变址寄存器。源操作数的段寄存器由 BX 决定，因此是 DS。源操作数的物理地址计算如下：DS×10H+BX+SI=81830H 和 81831H。其中，[81830H]存储的数据将被传送到 AL 中，[81831H]存储的数据将被传送到 AH 中。因此，指令执行后，AX=2211H。如图 5-13 所示。

但是，基址 - 变址寻址中源操作数不能是两个基址寄存器或两个变址寄存器。

图 5-13 【例 5-14】数据的传输过程

【例 5-15】 请判断表 5-7 所列指令的对错，如果错误请给出理由。

表 5-7 判断指令对错（五）

指令	请判断（√或 ×）	备注
MOV AX, [BX] SI		
MOV AX, [BP+DI]		
MOV BL, [SI][DI]		

指令 MOV AX,[BX] SI 是错误的。作为基址-变址寻址方式，基址寄存器 BX 和变址寄存器 SI 都要放入方括号中。指令 MOV AX,[BP+DI] 是正确的。作为基址-变址寻址方式，基址寄存器是 BP 和变址寄存器是 DI 可以放在方括号中相加。指令 MOV BL,[SI][DI] 是错误的。作为基址-变址寻址方式，不能同时出现两个变址寄存器。这个指令中 SI 和 DI 都是变址寄存器，它们不能同时存在。

7）相对基址-变址寻址。指令的格式如图 5-14 所示。

```
操作码 [目的操作数], 位移量[基址寄存器][变址寄存器]
操作码 [目的操作数], [基址寄存器]位移量[变址寄存器]
操作码 [目的操作数], [基址寄存器][变址寄存器]位移量
操作码 [目的操作数], [基址寄存器+变址寄存器+位移量]
```

图 5-14　相对基址-变址寻址的指令格式

在基址-变址寻址方式的基础上再加 8 位或 16 位的位移量，这种寻址方式称为相对基址-变址寻址。位移量可以放在方括号前面、两个方括号之间、方括号的后面或者在方括号内与基址寄存器和变址寄存器相加。

【例 5-16】请判断表 5-8 所列指令的对错，如果错误请给出理由。

表 5-8　判断指令对错（六）

指令	请判断（√或 ×）	备注
MOV AX,[BX][SI] 8		
MOV AX,[BP+BX+2]		
MOV BL,[SI] VAR [DI]		

指令 MOV AX,[BX][SI] 8 是正确的，源操作数中包括一个基址寄存器 BX，一个变址寄存器 SI，还有一个位移量 8。位移量 8 可以放在方括号的前面、中间或者后面；指令 MOV AX,[BP+BX+2] 是错误的，源操作数中包括两个基址寄存器 BX 和 BP，以及一个位移量 2。指令中不能同时出现两个基址寄存器，否则无法确定该操作数位于哪个段；指令 MOV BL,[SI] VAR [DI] 是错误的，源操作数中包括两个变址寄存器 SI 和 DI，以及一个位移量 VAR。指令中不能同时出现两个变址寄存器，否则无法确定该操作数位于哪个段。

【例 5-17】请查看指令 MOV AX,[BX][SI] 8，若 DS=8000H，BX=1030H，SI=800H，[81838H]=11H，[81839H]=22H，那么指令执行后，AX= ？

指令 MOV AX,[BX][SI] 8 的源操作数是 [BX][SI] 8，属于相对基址-变址寻址。其中，BX 是基址寄存器，SI 是变址寄存器，8 是位移量。源操作数的段寄存器由 BX 决定，因此是 DS。源操作数的物理地址计算如下：DS×10H+BX+SI+8H=81838H 和 81839H。其中，[81838H] 存储的数据将被传送到 AL 中，[81839H] 存储的数据将被传送到 AH 中。因此，指令执行后，AX=2211H。如图 5-15 所示。

相对基址-变址寻址方式常用于查询二维表格或二维数组中的元素。例如，把表格的行起始地址存放在基址寄存器中，表格的列起始地址存放在变址寄存器中，

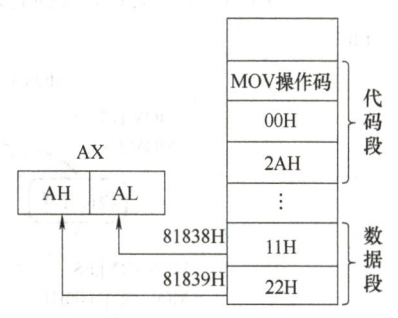

图 5-15　【例 5-17】数据的传输过程

位移量存放待查询元素的下标。

8）隐含寻址。指令的格式如图 5-16 所示。

指令中没有显式地给出操作数或仅给出部分操作数，其他操作数的来源是确定的或者就是 CPU 本身，这种寻址方式称为隐含寻址。

操作码 [操作数]

图 5-16　隐含寻址的指令格式

【例 5-18】 分析 MUL BL 指令。

MUL 是乘法指令，一个乘数来自 BL，另一个乘数来自 AL，计算的结果保存在 AX 中。由于 8086 指令系统中已经约定好了乘数和乘积的保存位置，因此不需要在指令中再写出来。这种指令就属于隐含寻址方式。类似的指令，还有 DIV、CBW 和 MOVS。为了更好地使用隐含寻址的指令，需要记住这些指令隐含的操作数是哪些寄存器。

从下节开始，将会介绍 8086 指令系统中的 6 种指令，包括数据传送指令、算数运算指令、逻辑运算和移位指令、串操作指令、程序控制指令和处理器控制指令。

5.5　数据传送指令

数据传送指令，顾名思义就是将数据由一个地方传送至另外一个地方。数据可以在寄存器和寄存器之间、寄存器和存储器之间以及寄存器和 I/O 端口之间被传送。根据传送数据的类型，数据传送指令可分为通用数据传送、输入/输出传送、目标地址传送、标志传送。

（1）通用数据传送

通用数据传送包括四种指令：MOV、PUSH、POP 和 CBW。

1）MOV 指令。MOV 指令的调用格式如图 5-17 所示。

MOV 指令的作用是将源操作数传送到目的操作数中。MOV 指令可以实现以下功能。

MOV 目的操作数，源操作数

图 5-17　MOV 指令的调用格式

① 寄存器与寄存器之间的数据传送。例如，MOV BX，SI。
② 寄存器与段寄存器之间的数据传送。例如，MOV DS，AX。
③ 寄存器与存储单元之间的数据传送。例如，MOV [BX]，AX。
④ 立即数传送至寄存器。例如，MOV BX，3078H。
⑤ 立即数传送至存储单元。例如，MOV BYTE PTR [BP+SI]，5。
⑥ 存储单元与段寄存器之间的数据传送。例如，MOV DS，[1000H]。

综上，MOV 指令支持的数据传送如图 5-18 所示，其中箭头的方向是指令允许数据传送的方向。

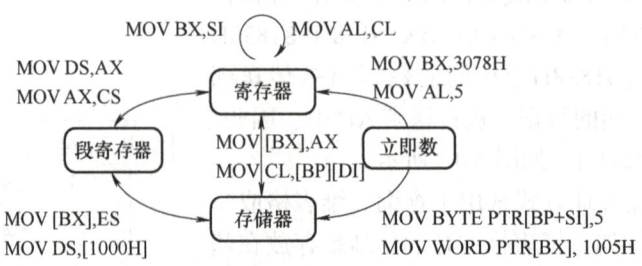

图 5-18　MOV 指令支持的数据传送

MOV 指令的使用规则：①","两端操作数的字长要相等；②不允许","两端都是存储器操作数；③不允许立即数直接传送到段寄存器；④不允许段寄存器与段寄存器之间的数据传送；⑤IP 和 CS 不能作为目的操作数；⑥FR 不能作为操作数；⑦立即数不允许作为目的操作数。

【例 5-19】请判断表 5-9 所列指令的对错，如果错误请给出理由。

表 5-9 判断指令对错（七）

指令	请判断（√或 ×）	备注
MOV ES，DS		
MOV AX，[BP]		
MOV [1200H]，AL		
MOV [1200H]，5		

指令 MOV ES，DS 是错误的，原因是使用规则中第④条规定，MOV 指令不允许段寄存器与段寄存器之间直接进行数据传送；指令 MOV AX，[BP] 是正确的，MOV 指令允许将存储器的数据传送给寄存器。由于 AX 是两个字节的字长，因此需要取 SS 段偏移地址是 BP 和 BP+1 的两个连续单元的内容传送给 AX；指令 MOV [1200H]，AL 是正确的，MOV 指令允许将寄存器的数据传送给存储器。由于 AL 只有一个字节的长度，因此只需要将 AL 的内容传送给数据段，偏移地址为 1200 的内存单元即可；指令 MOV [1200H]，5 是错误的，虽然，MOV 指令允许将立即数传送到存储器中，但要求","两端的字长相等。立即数 5 是没有固定字长限制的，而 [1200H] 仅表示内存单元的起点，也没有固定字长的限制，因此 MOV 指令无法确定究竟取多长的字长。可以通过在 [1200H] 前面加上限制字长的指针来限制字长，例如，BYTE PTR [1200H] 就是一个字节的长度，WORD PTR [1200H] 就是两个字节的长度。

在写程序的过程中，当遇到数据不能直接传送的情况时，可以通过寄存器作为中间桥梁进行转发。例如，MOV ES，DS 指令是不合规的。但是，可以使用寄存器 AX 作为中间桥梁，通过如下两条指令实现上述功能。

MOV AX，DS
MOV ES，AX

2）PUSH 指令。PUSH 指令的调用格式如图 5-19 所示。

PUSH 源操作数

图 5-19 PUSH 指令的调用格式

PUSH 和 POP 指令

PUSH 指令的功能是将源操作数压入堆栈内。在堆栈中，SS 指示了堆栈的段基址，SP 指示了堆栈的栈顶。SP 的初值规定了堆栈段的大小。堆栈数据的存取原则：①必须以字为单位，每次要向堆栈中存入或从堆栈中取出两个字节；②数据从高地址向低地址存放；③只能是寄存器操作数或存储器操作数；④遵循"后进先出"的原则。

PUSH 指令的源操作数一定是 16bit 的数据，可以是寄存器操作数或存储器操作数。下面以 PUSH AX 为例，说明 PUSH 指令的执行过程。如图 5-20 所示，假设执行 PUSH AX 前，SP 的值为 SP1。先将 SP1-1，将 AH 的内容压入 SP1-1 指向的堆栈单元；再将 AL 的内容压入 SP1-2 指向的堆栈单元。执行 PUSH AX 后，SP 的值等于 SP1-2。

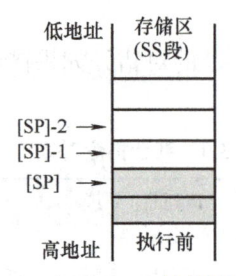

图 5-20　PUSH AX 的执行过程

【例 5-20】 若 AX=1020H，SP=1022H，执行 PUSH AX 后，分析堆栈内数据的变化情况。

在执行 PUSH AX 的过程中，先将 SP-1，此时栈顶指针指向堆栈中偏移地址为 1021H 的单元，并将 AH 的内容 10H 存入此单元。再将 SP-1，此时栈顶指针指向堆栈中偏移地址为 1020H 的单元，并将 AL 的内容 20H 存入此单元。因此，执行完 PUSH AX 以后，SP=1020H，堆栈中数据的变化如图 5-21 所示。

3）POP（弹出）指令。POP 指令的调用格式如图 5-22 所示。

POP 指令的功能是将位于栈顶的字弹出至目的操作数中。POP 指令的目的操作数一定是能够存储 16bit 数据的空间，可以是寄存器操作数或存储器操作数。下面以 POP BX 为例，说明 POP 指令的执行过程。如图 5-23 所示，假设执行 POP BX 前，SP 的值为 SP2。先将 SP2 指向的堆栈单元的内容复制到 BL 中，并将 SP2+1；再将 SP2+1 的内容复制到 BH 中，并将 SP2+2。执行 POP BX 后，SP 的值等于 SP2+2。

图 5-21　【例 5-20】引起堆栈内数据的变化　　图 5-22　POP 指令的调用格式　　图 5-23　POP BX 的执行过程

【例 5-21】 若 SP=1022H，AX=1080H，执行下列两条指令
PUSH AX
POP BX
后，BX=？，SP=？

由【例 5-20】可知，执行 PUSH AX 后，SP=1020H，而且当前栈顶存储的一个字为 1080H。执行 POP BX 时，先将 SP=1020H 指示的堆栈单元存储的 80H 弹出到 BL 中，并将 SP+1，得到 SP=1021H。再将 SP=1021H 指示的堆栈单元存储的 10H 弹出到 BH 中，并将 SP+1，得到 SP=1022H。最终 BX=1080H。堆栈中数据的变化如图 5-24 所示。

POP 指令不能弹出一个字给 CS。

图 5-24 【例 5-21】引起堆栈内数据的变化

【例 5-22】请判断表 5-10 所列指令的对错，如果错误请给出理由。

表 5-10 判断指令对错（八）

指令	请判断（√或 ×）	备注
PUSH AL		
POP CS		

指令 PUSH AL 是错误的，因为 PUSH 的源操作数必须是 16bit 的数；POP CS 也是错误的，因为 POP 不能直接将数据弹出到 CS 中。

4）CBW（扩展）指令。扩展指令的调用格式如图 5-25 所示。

CBW 指令是将字节（Byte）扩展成字（Word）的指令。这里的字节是指 AL，字是指 AX，因此 CBW 指令将操作数省略了。CWD 指令是将字（Word）扩展成双字（Double Word）的指令。这里的字是指 AX，双字是指 DX AX 构成的双字，因此 CWD 指令也将操作数省略了，它们都是隐含寻址的。具体的操作是，CBW 指令是将 AL 的符号位复制到 AH，进而扩展成 AX。CWD 指令是将 AX 的符号位复制到 DX 中，进而扩展成双字。可见，DX 存储双字的高字，AX 存储双字的低字。扩展指令主要用于有符号数的除法运算。

图 5-25 扩展指令的调用格式

【例 5-23】若 AL=80H，那么执行 CBW 后，AX= ？

CBW 指令是将 AL 的符号位扩展到 AH 中。当 AL=80H 时，其符号位为 1，因此，执行 CBW 指令以后，AH=0FFH。执行完 CBW 指令后，AX 的内容为 0FF80H。

（2）输入/输出传送

输入/输出传送通过输入/输出指令来完成。输入/输出指令是 CPU 与 I/O 端口进行数据传送的指令。I/O 端口是指 I/O 接口中用于存储数据的寄存器。微型计算机的输入/输出系统包含若干个接口控制电路，每个接口有一个或多个端口，如图 5-26 所示。

输入/输出指令只限于用累加器 AX 或 AL 与端口传输信息。I/O 端口的取值范围有两种：一种是用

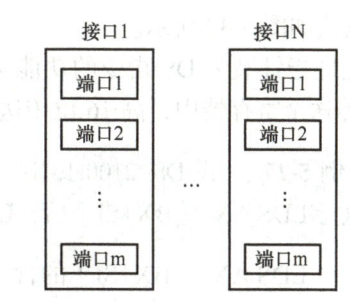

图 5-26 微机系统接口电路中端口寄存器

立即数表示端口的地址。使用这种方式时，端口的地址是 00H～0FFH；另一种是用 DX 寄存器存储端口的地址。使用这种方式时，要先将端口的地址传送到 DX 中，此时，端口的地址是 0000H～0FFFFH。

1）输入指令。输入指令的调用格式如图 5-27 所示。

IN AL/AX，PORT
IN AL/AX, DX

图 5-27　输入指令的调用格式

【例 5-24】　说明下列指令的含义。
（1）IN AL，80H
（2）MOV DX，3B0H
　　　IN AX，DX

其中，（1）指令的含义：从端口号为 80H 的端口寄存器中读入一个字节的数据到 AL 中；（2）指令的含义：先将端口号 3B0H 赋值到 DX 中，再从 DX 中读入两个字节的数据到 AX 中。

OUT PORT, AL/AX
OUT DX, AL/AX

图 5-28　输出指令的调用格式

2）输出指令。输出指令的调用格式如图 5-28 所示。

【例 5-25】　说明下列指令的含义。
（1）OUT 80H，AL
（2）MOV DX，3B0H
　　　OUT DX，AX

其中，（1）指令的含义：将一个字节的数据（AL）写入到端口号为 80H 的端口寄存器中；（2）指令的含义：先将端口号 3B0H 赋值到 DX 中，再将两个字节的数据 AX 写入到端口号为 3B0H 的寄存器中。

（3）目标地址传送

地址是一种特殊的操作数，是 16 位的无符号数。

1）取有效地址指令 LEA。取有效地址指令的调用格式如图 5-29 所示。

LEA 寄存器, mem

图 5-29　取有效地址指令的调用格式

取有效地址指令的功能是将内存单元 mem 的偏移地址传送到 16 位寄存器中。

【例 5-26】　设 DS=2100H，BX=100H，SI=10H，那么执行 LEA DI，[BX+SI] 后，DI=？

指令 LEA DI，[BX+SI] 的含义是将 [BX+SI] 的偏移地址传送给 DI。这里 [BX+SI] 的偏移地址为 110H，因此执行此指令后，DI=110H。

2）地址指针装入 DS 指令 LDS。地址指针装入 DS 指令的调用格式如图 5-30 所示。

LDS 寄存器, mem32

图 5-30　地址指针装入 DS 指令的调用格式

地址指针装入 DS 指令的功能是将内存中 32 位操作数的低 16 位传送至寄存器中，高 16 位传送至 DS 中。

【例 5-27】　设 DS=2100H，BX=100H，SI=10H，[21110H]=1234H，[21112H]=1982H，那么执行 LDS AX，[BX+SI] 后，DS=？，AX=？

指令 LDS AX，[BX+SI] 的含义是将 [BX+SI] 指向的 32 位内存单元的高 16 位传送至 DS 中，低 16 位传送至 AX 中。我们知道 [BX+SI] 指向的是 32 位内存单元的首地址为：

21110H，那么以 21110H 为起始的四个内存单元是 21110H、21111H、21112H 和 21113H。其中，[21110H] 存储的是低 16 位，[21112H] 存储的是高 16 位。因此，指令 LDS AX，[BX+SI] 运行后，DS=1982H，AX=1234H。

3）地址指针装入 ES 指令 LES。地址指针装入 ES 指令的调用格式如图 5-31 所示。

LES 寄存器, mem32

图 5-31　地址指针装入 ES 指令的调用格式

地址指针装入 ES 指令的功能是将内存中 32 位操作数的低 16 位传送至寄存器中，高 16 位传送至 ES 中。

【例 5-28】 设 DS=2100H，BX=100H，SI=10H，[21110H]=1234H，[21112H]=1982H，那么执行 LES AX，[BX+SI] 后，ES=？，AX=？

分析同【例 5-27】，则指令 LES AX，[BX+SI] 运行后，ES=1982H，AX=1234H。

（4）标志传送

标志寄存器（即程序状态字，Program Status Word，PSW）用于记载指令执行引起的状态变化及一些特殊控制位。标志寄存器是特殊寄存器，不能像一般数据寄存器那样随意操作，而是通过特定指令操作。

1）取标志指令 LAHF。取标志指令 LAHF 的调用格式如图 5-32 所示。

该指令的源操作数隐含为标志寄存器的低 8 位，目的操作数隐含为 AH。

2）置标志指令 SAHF。置标志指令 SAHF 的调用格式如图 5-33 所示。

LAHF

图 5-32　取标志指令 LAHF 的调用格式

SAHF

图 5-33　置标志指令 SAHF 的调用格式

该指令的源操作数隐含为 AH，目的操作数为标志寄存器的低 8 位。

【例 5-29】 请编写程序，把标志寄存器的 CF 位求反，其他位不变。

```
LAHF          ;取标志寄存器的低 8 位
XOR AH, 01H   ;最低位求反，其他位不变
SAHF          ;送入标志寄存器的低 8 位
```

3）标志入栈指令 PUSHF。标志入栈指令 PUSHF 的调用格式如图 5-34 所示。

该指令的源操作数隐含为标志寄存器，目的操作数隐含为堆栈区。指令的功能是将标志寄存器入栈。

4）标志出栈指令 POPF。标志出栈指令 POPF 的调用格式如图 5-35 所示。

PUSHF

图 5-34　标志入栈指令 PUSHF 的调用格式

POPF

图 5-35　标志出栈指令 POPF 的调用格式

该指令的源操作数隐含为堆栈区，目的操作数隐含为标志寄存器。指令的功能是将数据出栈传送到标志寄存器中。

【例 5-30】 请编写程序，把标志寄存器的 TF 位清 0，其他位不变。

```
PUSHF              ;标志寄存器入栈
POP   AX           ;取标志寄存器内容
AND AX，0FEFFH     ;TF 清 0，其他位不变
PUSH  AX           ;新值入栈
POPF               ;送入标志寄存器
```

5.6 算术运算指令

（1）加法指令

加法指令有三种：ADD、ADC 和 INC。

1）不带进位的加法指令 ADD。ADD 的调用格式如图 5-36 所示。

ADD 目的操作数，源操作数

图 5-36 不带进位的加法指令 ADD 的调用格式

ADD 的功能是求源操作数和目的操作数之和，并将结果存放在目的操作数中。源操作数和目的操作数均可以是 8 位或 16 位的寄存器操作数或存储器操作数。ADD 指令的使用规则：①源操作数可以是立即数；②操作数既可以是无符号数也可以是有符号数；③不允许两个操作数都是存储器操作数；④不能对段寄存器进行运算。

【例 5-31】 请判断表 5-11 所列指令的对错。如果正确，请在备注中给出注释；如果错误，请在备注中说明理由。

表 5-11 判断指令对错（九）

指令	请判断（√或 ×）	备注
ADD CL，20H		
ADD AX，SI		
ADD [BX]，[SI]		

指令 ADD CL，20H 是正确的，这条指令是计算 CL+20H，并将结果存在 CL 中；指令 ADD AX，SI 是正确的，这条指令是计算 AX+SI 的值，并将结果存在 AX 中；指令 ADD [BX]，[SI] 是错误的，因为 ADD 指令不允许两个操作数都是存储器操作数。

2）带进位的加法指令 ADC。ADC 的调用格式如图 5-37 所示。

ADC 目的操作数，源操作数

图 5-37 带进位的加法指令 ADC 的调用格式

ADC 指令是带进位的加法指令，它的功能是求源操作数与目的操作数以及标志位 CF 的和，并将结果保存在目的操作数中。源操作数和目的操作数均可以是 8 位或者 16 位的寄存器操作数或存储器操作数。

【例 5-32】 设 AL=08H，CF=0，执行 ADC AL，0ABH 后，AL=？

指令 ADC AL，0ABH 的含义是求 AL+0ABH 的值，并将结果保存在 AL 中。已知，

AL=08H，则 AL+0ABH=08H+0ABH=0B3H。故指令运行后，AL=0B3H。

由于 ADC 指令要考虑 CF 的值，因此，当默认 CF 为 0 时，要先用指令 CLC 将 CF 清 0。ADC 指令常用于多字节加法运算。

【例 5-33】 求两个无符号数的和：2C56F8ACH+309E47BEH=？

假设被加数和加数分别存放在 BUFFER1 和 BUFFER2 开始的两个存储空间中，结果将存储在 BUFFER1 中，如图 5-38 所示。

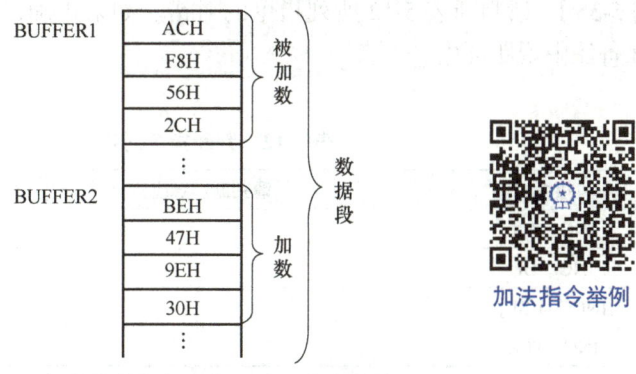

图 5-38　加数与被加数在存储空间的存储情况

由于 8086 的相加运算最多只能求两个 16 位数据的和，但是题目中给出的是两个 32 位数据的和，因此，只能分两次运算。考虑到低 16 位可能有向高位的进位，所以，先计算低 16 位数据的和，再计算高 16 位数据的和。在计算低 16 位数据之和时，可以使用 ADD。但是，在计算高 16 位数据之和时，一定要使用 ADC。程序如下：

```
MOV AX, BUFFER2      ;取低 16 位数据
ADD BUFFER1, AX      ;求低 16 位数据之和，计算结果可能导致 CF=1
MOV AX, BUFFER2+2    ;取高 16 位数据
ADC BUFFER1+2, AX    ;求高 16 位数据以及 CF 之和
```

ADD 与 ADC 指令对标志位的影响：ADD 和 ADC 指令都可能会影响到 SF、CF、ZF 和 OF。如果计算结果为负，那么 SF=1，否则为 0；如果计算结果为 0，那么 ZF=1，否则为 0；如果计算结果向更高位有进位时，CF=1，否则为 0；如果是有符号数的运算并且结果溢出时，OF=1，否则为 0。

【例 5-34】 设 BX=D75FH，那么执行 ADD BX，8046H 后，状态标志位各是多少？

指令 ADD BX，8046H 运算的过程如图 5-39 所示。可见，运算结果不为 0，因此 ZF=0；运算结果有向更高位的进位，因此 CF=1；运算结果符号位为 0，因此 SF=0；如果相加的两数是有符号数，那么最高位向更高位的进位和次高位向最高位的进位相异或的结果为 1，因此 OF=1；低 8 位向高 8 位没有进位，因此 AF=0；低 8 位中"1"的个数是偶数个，因此 PF=1。

3) INC 指令。INC 的调用格式如图 5-40 所示。

```
      D75FH = 1101 0111 0101 1111
      8046H = 1000 0000 0100 0110
              ─────────────────────
              0101 0111 1010 0101
```

图 5-39　【例 5-34】的计算过程　　　　　图 5-40　加 "1" 指令 INC 的调用格式

INC 操作数

INC（Increase）指令的功能是将操作数加 "1"。由于它只有一个操作数，那么，这个操作数既是源操作数也是目的操作数。操作数可以是 8 位或 16 位的寄存器操作数，也可以是 8 位或 16 位的存储器操作数，但不能是段寄存器或立即数。INC 指令不会影响 CF 标志位。

【例 5-35】请判断表 5-12 所列指令的对错。如果正确，请在备注中给出注释；如果错误，请在备注中说明理由。

表 5-12　判断指令对错（十）

指令	请判断（√或 ×）	备注
INC AX		
INC BL		
INC ［SI］		
INC 80H		

指令 INC AX 是正确的，这条指令的含义是将 AX 的值加 1；指令 INC BL 也是正确的，这条指令的含义是将 BL 的值加 1；指令 INC［SI］是错误的，因为［SI］只能指示内存空间的一个起始位置，并不能明确字长。因此，这条指令没有明确是对内存中以 SI 指向的内存空间为首地址的 8 位数据加 1 还是 16 位数据加 1；指令 INC 80H 也是错误的，因为 80H 是立即数，不能作为目的操作数使用。

（2）减法指令

1）不带借位的减法指令 SUB。SUB 的调用格式如图 5-41 所示。

SUB 目的操作数，源操作数

图 5-41　不带借位的减法指令 SUB 的调用格式

SUB 的功能是用目的操作数减去源操作数，并将结果存放在目的操作数中。源操作数和目的操作数均可以是 8 位或 16 位的寄存器操作数或存储器操作数。SUB 指令的使用规则：①源操作数可以是立即数；②操作数既可以是无符号数也可以是有符号数；③不允许两个操作数都是存储器操作数；④不能对段寄存器进行运算。

【例 5-36】请判断表 5-13 所列指令的对错。如果正确，请在备注中给出注释；如果错误，请在备注中说明理由。

表 5-13　判断指令对错（十一）

指令	请判断（√或 ×）	备注
SUB AX, 30H		
SUB BL, ［BP+SI］		
SUB DS, 5		
SUB ［BX］, ［SI］		

指令 SUB AX, 30H 是正确的, 它表示用 AX 减去 30H, 并将结果保存在 AX 中; 指令 SUB BL, [BP+SI] 是正确的, 它表示用 BL 减去堆栈段中偏移地址为 BX+SI 的内存单元中一个字节的数据, 并将结果保存在 BL 中; 指令 SUB DS, 5 是错误的, 因为 SUB 指令不能对段寄存器运算; 指令 SUB [BX], [SI] 是错误的, 因为 SUB 指令不允许两个操作数都是存储器操作数。

2) 带借位的减法指令 SBB。SBB 的调用格式如图 5-42 所示。

SBB 的功能是用目的操作数减去源操作数再减去 CF 的值, 并将结果存放在目的操作数中。与 SUB 指令相比, SBB 除了还要减去借位位以外, 其他的使用规则同 SUB 一样。

SBB 目的操作数, 源操作数

图 5-42 带借位的减法指令 SBB 的调用格式

【例 5-37】 请说明下列指令的含义。
SBB WORD PTR [SI], 1034H

这条指令的含义是将数据段中 SI 指示的两个字节内存单元的数据减去 1034H, 再减去 CF 的值, 并将结果保存在数据段中 SI 指示的两个字节的内存单元中。

SUB 和 SBB 指令对标志位的影响: 会影响 CF 和 OF。当计算结果向最高位有借位时, CF=1, 否则为 0; 当操作数为有符号数时, 如果结果溢出, OF=1, 否则为 0; 当然结果还会影响到 ZF 和 SF 等。

3) DEC 指令。DEC 的调用格式如图 5-43 所示。

DEC (decrease) 指令的功能是将操作数减 "1"。由于它只有一个操作数, 那么, 这个操作数既是源操作数也是目的操作数。操作数可以是 8 位或 16 位的寄存器操作数, 也可以是 8 位或 16 位的存储器操作数, 但不能是段寄存器或立即数。DEC 指令不会影响 CF 标志位, 常用于循环程序中修改循环的次数。例如, DEC CL, 如果 CL 中存储了循环的次数, 那么这条指令能够将 CL 减 1。

4) 求相反数指令 NEG。NEG 的调用格式如图 5-44 所示。

NEG 指令的功能就是取操作数的相反数。例如, 指令 NEG AX, 就是求 AX 的相反数。NEG 指令会影响标志位 CF 和 OF。当操作数为 0 时, 求 NEG 的结果会使 CF=0, 否则 CF=1; 对字节 –128 求相反数或对字 –32768 求相反数时, OF=1, 否则, OF=0。

5) 比较指令 CMP。CMP 的调用格式如图 5-45 所示。

DEC 操作数

图 5-43 减 "1" 指令 DEC 的调用格式

NEG 操作数

图 5-44 求相反数指令 NEG 的调用格式

CMP 目的操作数, 源操作数

图 5-45 比较指令 CMP 的调用格式

CMP 指令的功能是比较两数大小, 实质上是计算目的操作数减去源操作数, 但结果不送回目的操作数, 只会影响标志位。对于无符号数来说, 当目的操作数大于等于源操作数时, CF=0; 当目的操作数小于源操作数时, CF=1; 当两数相等时, CF=0, ZF=1。对于有符号数来说, 当目的操作数大于等于源操作数时, OF 和 SF 的状态相同; 当目的操作数小于源操作数时, OF 和 SF 的状态不同。

(3) 乘法指令

1) 无符号数乘法指令 MUL。MUL 的调用格式如图 5-46 所示。

MUL 源操作数

图 5-46 无符号数乘法 MUL 的调用格式

MUL 指令的功能是求两个 8 位无符号数的乘法（指令中需要明确一个乘数，另一个乘数隐含为 AL），将结果保存在 16 位寄存器 AX 中或求两个 16 位无符号数的乘法（指令中需要明确一个乘数，另一个乘数隐含为 AX），将结果保存在 32 位寄存器中，其中，高 16 位保存在 DX 中，低 16 位保存在 AX 中。由于乘法运算结果的字长通常要大于乘数的字长，因此，在乘法运算中要使用更长的字长来存储乘积。

【例 5-38】请写出计算 BL×CL 的指令，假设 BL 和 AL 存储的是无符号数。

对于无符号数的乘法运算使用 MUL 指令。其中一个乘数要事先存放到 AL 中，运算结果存放在 AX 中。程序如下：
MOV AL，CL
MUL BL

特别说明：乘法指令中源操作数不能是立即数。

【例 5-39】请写出 AL×3 的指令，假设 AL 存储的是无符号数。

计算 AL×3，不能直接写成 MUL 3，因为 MUL 指令不允许源操作数是立即数。但是可以通过下列指令实现：
MOV BL，3   ；将立即数 3 先传送到寄存器 BL 中
MUL BL   ；求 AL×3 的结果

2）有符号数乘法指令 IMUL。IMUL 的调用格式如图 5-47 所示。

IMUL 源操作数

图 5-47　有符号数乘法 IMUL 的调用格式

指令 IMUL 的功能是求有符号数的乘法。指令的使用规则同 MUL。

【例 5-40】请写出计算 SI 指示的内存单元中的字与 AX 的乘积，假设两数都是有符号数。

对于有符号数的乘法运算使用 IMUL 指令。其中一个乘数隐含在 AX 中，另一个乘数存放在 SI 指示的内存单元中。程序如下：
IMUL WORD PTR [SI]

计算结果的高 16 位存储在 DX 中，低 16 位存储在 AX 中。

(4) 除法指令

1）无符号数除法指令 DIV。DIV 的调用格式如图 5-48 所示。

DIV 源操作数

图 5-48　无符号数除法 DIV 的调用格式

DIV 指令的功能是求一个 16 位无符号数（隐含为 AX）除以 8 位无符号数（源操作数），将商存放在 8 位寄存器 AL 中，将余数存放在 8 位寄存器 AH 中或是求一个 32 位无符号数（高 16 位隐含为 DX，低 16 位隐含为 AX）除以 16 位无符号（源操作数），将商存放在 AX 中，将余数存放在 DX 中。由于被除数的字长通常大于乘数的字长，因此，在除法运算中，规定被除数的字长是除数字长的双倍。在除法指令中，被除数、

商和余数都是隐含的，需要牢记。

特别说明： 在除法指令中，源操作数不能是立即数。

【例 5-41】 请写出 AL÷3 的指令，假设 AL 存储的是无符号数。

计算 AL÷3，不能直接写成 DIV 3，因为 DIV 指令不允许源操作数是立即数。可以先通过 MOV 指令将 3 传送到 BL 中。AL 作为无符号数被除数，其字长必须是 BL 的两倍，因此须先将 AH 清 0。实现指令如下：

MOV BL, 3   ; 将立即数 3 先传送到寄存器 BL 中
MOV AH, 0   ; 将 AH 清 0
DIV BL   ; 计算 AX÷3 的结果，商存放在 AL 中，余数存放在 AH 中

2) 有符号数除法指令 IDIV。IDIV 的调用格式如图 5-49 所示。

IDIV 指令是求有符号数的除法。其使用的规则同 DIV，余数的符号总是和被除数相同。

IDIV 源操作数

图 5-49 有符号数除法 IDIV 的调用格式

除法运算要求被除数字长是除数字长的二倍，如果不满足这个要求，需要对被除数进行扩展，否则就会产生错误。对于有符号数来说，可以使用 CBW 指令将 AL 的符号位扩展到 AH 中，以使用 AX 作为 16 位的被除数；或者使用 CWD 指令将 AX 的符号位扩展到 DX 中，以使用 DXAX 作为 32 位的被除数。

【例 5-42】 请写出 AX÷BX 的指令，假设两数都是有符号数。

计算有符号数的除法用 IDIV 指令。由于除数 BX 是 16 位的，因此被除数的字长必须是 32 位的。因此在计算之前，先要使用 CWD 指令将 AX 扩展成 32 位的被除数。程序如下：

CWD
IDIV BX

运算结果的商存放在 AX 中，余数存放在 DX 中。

特别说明： 对于算术运算指令来说，如果是双操作数指令，那么对操作数的要求同 MOV 指令；如果是单操作数指令，那么必须说明操作数的字长。由于立即数没有字长限制，因此不能作为单操作数。如果使用存储器操作数作为单操作数，那么要使用 PTR 运算符声明它的字长。

5.7 逻辑运算和移位指令

（1）逻辑运算指令

逻辑运算指令是实现逻辑操作的指令，包括与、或、非和异或指令。双操作数指令对操作数的要求与 MOV 指令相同，单操作数指令（非运算指令）要求操作数不能是立即数。

对标志位的影响：①非运算指令不影响任何标志位；②除了非运算指令以外，其他指令的执行都会影响除了 AF 以外的标志位；③除了非运算指令以外，其他指令的执行都会使 OF 和 CF 清 0。

1）逻辑"与"指令。"与"指令的调用格式如图 5-50 所示。

AND 目的操作数，源操作数

图 5-50 "与"指令的调用格式

AND 指令的功能是求源操作数和目的操作数相"与"的结果，并将结果送入目的操作数。其中，目的操作数和源操作数可以是 8 位或 16 位的寄存器或存储器操作数。由于是进行按位相"与"的运算，因此，没有进位或借位。"与"指令的应用场景如下。

① 求两操作数按位相与的结果。

【例 5-43】 请写出 BL 与 SI 指示的内存单元的值按位相与的指令。

AND BL，[SI]

② 保留操作数的某几位，其他位清零。

【例 5-44】 请写出保留 AL 的低 4 位，将高 4 位清 0 的指令。

AND AL，0FH

③ 保持操作数不变，使 CF 和 OF 清 0。

【例 5-45】 请写出任意将 CF 和 OF 清 0 的指令。

AND AL，AL

2）逻辑"或"指令。"或"指令的调用格式如图 5-51 所示。

OR 目的操作数，源操作数

图 5-51 "或"指令的调用格式

OR 指令的功能是求源操作数和目的操作数相"或"的结果，并将结果送入目的操作数。其中，目的操作数和源操作数可以是 8 位或 16 位的寄存器或存储器操作数。由于是进行按位相"或"的运算，因此，没有进位或借位。"或"指令的应用场景如下。

① 求两操作数按位相或的结果。

【例 5-46】 请写出 AX 与 DI 指示的内存单元的值按位相或的指令。

OR AX，[DI]

② 保留操作数的某几位，其他位置 1。

【例 5-47】 请写出保留 CL 的高 4 位，将低 4 位置 1 的指令。

OR CL，0FH

③ 保持操作数不变，使 CF 和 OF 清 0。

【例 5-48】 请写出任意将 CF 和 OF 清 0 的指令。

OR AX，AX

3）逻辑"非"指令。"非"指令的调用格式如图 5-52 所示。

NOT 目的操作数

图 5-52 "非"指令的调用格式

NOT 指令的功能是对目的操作数按位取反，并将结果送入目的操作数。其目的操作数可以是 8 位或 16 位的寄存器或存储器操作数。"非"运算不影响标志位。

【例 5-49】 请写出对 BX 指示的一个字节内存单元按位取反的指令。

NOT BYTE PTR [BX]

4）逻辑"异或"指令。"异或"指令的调用格式如图 5-53 所示。

XOR 目的操作数，源操作数

图 5-53 "异或"指令的调用格式

XOR 指令的功能是求源操作数和目的操作数"异或"的结果，并将结果送入目的操作数。其中，目的操作数和源操作数可以是 8 位或 16 位的寄存器或存储器操作数。由于是进行按位"异或"的运算，因此，没有进位或借位。"异或"指令的应用场景如下。

① 求两操作数按位异或的结果。

【例 5-50】 请写出 AL 与 80H 按位异或的指令。

XOR AL，80H

② 将操作数清 0。

【例 5-51】 请写出将 AX 清 0 的指令。

XOR AX，AX

5）逻辑"测试"指令。"测试"指令的调用格式如图 5-54 所示。

TEST 目的操作数，源操作数

图 5-54 "测试"指令的调用格式

TEST 指令的功能是求源操作数和目的操作数"与"的结果，但是结果不会送回目的操作数，只会影响标志位。常用于对某个位的测试，与条件转移指令一起使用。由于测试的结果不会改变操作数的值，因此，测试指令只会影响标志寄存器的 ZF 位。

【例 5-52】 请写出满足要求的程序段：当 AL 的第 1 位为 0 时，程序跳转到 THERE。

TEST AL，02H   ；若 AL 的第 1 位为 0，则 ZF=1
JZ THERE   ；若 ZF=1，则跳转到 THERE

（2）移位指令

移位指令可对 8 位或 16 位寄存器操作数或存储器操作数进行移位。指令中目的操作数为被移动的对象，源操作数为移动的次数。当目的操作数为存储器操作数时，要说明它的字长。如果只移动 1 位，那么源操作数可直接写为立即数"1"。如果移动若干位，必须先将移动的位数传送到 CL 中，然后将 CL 作为源操作数。移位指令包括非循环移位指令和循环移位指令。

1）非循环移位指令。非循环移位指令包括算数左移指令（Shift Arithmetic Left，SAL）、算数右移指令（Shift Arithmetic Right，SAR）、逻辑左移指令（Shift Logical Left，SHL）和逻辑右移指令（Shift Logical Right，SHR）。这 4 条指令的格式相同，下面以算数左移指令 SAL 为例进行说明。

SAL 指令的调用格式如图 5-55 所示。

指令执行的过程如图 5-56 所示，即当进行算术左移 1 位的运算时，先将目的操作数的最高位移动到 CF 标志位中，再将目的操作数中所有位向左移动 1 位，最低位补 "0"。

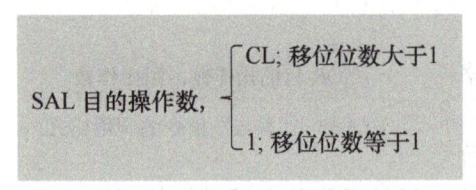

图 5-55 SAL 指令的调用格式

图 5-56 算术左移指令的执行过程

【例 5-53】 设 AX=9000H，那么执行 "SAL AX，1" 指令后，AX 和 CF 的值分别为多少。

这条指令的功能是对 AX 的值执行算术左移 1 位的操作。由于 AX=9000H，展开成二进制为 1001 0000 0000 0000B，左移 1 位后，最高位的 1 移入 CF 中，故 CF=1，其余位左移 1 位并在最低位补 0 后，结果为 0010 0000 0000 0000B=2000H。

算术左移相当于对目的操作数乘 2。每左移一次相当于目的操作数 ×2。因此，如果左移三次，就相当于目的操作数 ×8。算术右移相当于对目的操作数除 2。每右移一次相当于目的操作数 ÷2。因此，如果右移三次，就相当于目的操作数 ÷8。

逻辑左移或逻辑右移是把操作数看成无符号数，而算术左移或算术右移是把操作数看成有符号数。区别是，如果把操作数看成无符号数，那么在操作前或操作后都不需要管符号位的变化。但是，如果操作数是有符号数，那么要尽量保证操作前和操作后操作数的符号不变。如图 5-57 所示。

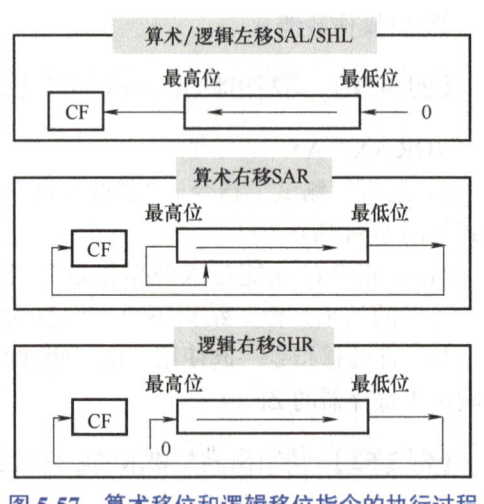

图 5-57 算术移位和逻辑移位指令的执行过程

由图 5-57 可见，算术左移和逻辑左移指令对操作数的操作方法相同。逻辑右移是在操作数的最高位补 0，其余位依次右移，并将移出的位送入 CF 标志位中。考虑到操作数是有符号数，为了保证符号位不变，算术右移指令总是在最高位填符号位，即如果目的操作数是正数或 "0"，那么算术右移指令保证最高位为 "0"；如果目的操作数是负数，那么算术右移指令保证最高位为 "1"。

非循环移位的结果会影响 CF、PF、ZF 和 OF 标志位。

【例 5-54】 设 AX=9000H，那么执行下列指令后，AX、CF、PF、ZF 和 OF 的值分别为多少？

```
MOV CL, 2
SAR AX, CL
SHR AX, CL
MOV CL, 3
SHL AX, CL
```

首先，来看 SAR AX，CL 这条指令。这条指令是对 AX 进行算术右移 2 次。移位过程如图 5-58 所示。

该指令运行后 AX=1110 0100 0000 0000B=E400H。下一条指令是将 E400H 再逻辑右移 2 次。逻辑右移不用考虑操作数的符号位，因此，只要在 AX 的最高位补"0"，其他位右移即可。SHR AX，CL 这条指令运行后 AX=0011 1001 0000 0000B=3900H。下一条指令是将 CL 置 3，并且将 3900H 逻辑左移 3 次。逻辑左移的过程，就是将最高位移入 CF 标志位，并

```
          CF  1001000000000000
SAR AX,CL  0  1100100000000000
           0  1110010000000000
SHR AX,CL  0  0111001000000000
           0  0011100100000000
SHL AX,CL  0  0111001000000000
           0  1110010000000000
           1  1100100000000000
```

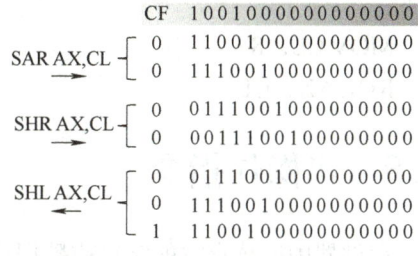

图 5-58 【例 5-54】移位的过程

将其他位依次左移。因此，SHL AX，CL 运行后 AX=1100 1000 0000 0000B=C800H，CF=1，PF=1，ZF=0，OF=1。

2）循环移位指令。循环移位指令包括含进位位的循环左移指令（Rotate Left through Carry，RCL）、含进位位的循环右移指令（Rotate Right through Carry，RCR）和不含进位位的循环左移指令（ROtate Left，ROL）、不含进位位的循环右移指令（ROtate Right，ROR）。几种循环移位指令的执行过程如图 5-59 所示。

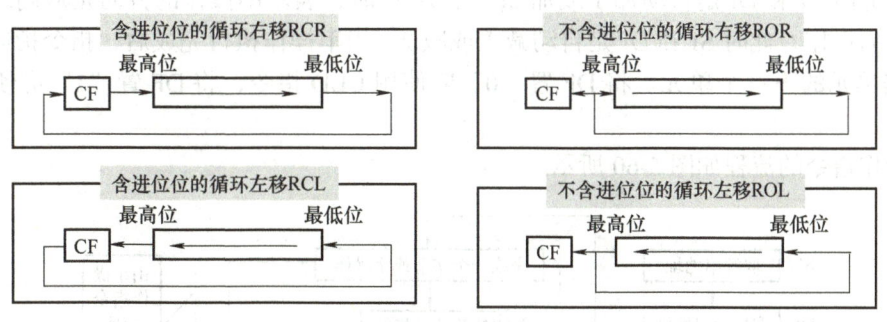

图 5-59 循环移位指令的执行过程

由图 5-59 可见，循环移位的意思是参与移位的数据是有限多个，只要移位次数满足要求，就可以完全恢复原始数据。这种处理方式称为非破坏性移位（非循环移位就是破坏性移位，因为无论移位多少次，都不能完全恢复原始数据）。其中，含进位位的循环右移或循环左移是指将 CF 也视同操作数的一位，参与到移位运算中。而不含进位位的循环右移是只循环移位操作数，并且保持 CF 位与最高位相同；不含进位位的循环左移是只循环移位操作数，并且保持 CF 位与最低位相同。

循环移位指令的调用格式同非循环移位指令。当循环移位次数为 1 时，可以直接将立即数"1"作为源操作数；当循环移位次数大于 1 时，要先将移位次数放到 CL 中，再将 CL 作为源操作数。

循环移位指令会影响 CF 和 OF 标志位。循环移位指令的应用包括：用于对某些位的状态进行测试、高位部分和低位部分交换以及与非循环移位指令一起实现 32 位或者更长字节数的移位。

【例 5-55】 设 AX=9000H，请使用指令实现 AX 的 AH 和 AL 数据交换。

AX 中 AH=90H，AL=00H。可以通过将 AX 循环左移 8 位实现 AH 和 AL 的交换。程序如下：

MOV CL，8
ROL AX，CL

5.8 串操作指令

存储器中连续存放的字符或数据称为字符串或数据串。串操作指令就是对字符串或数据串进行的操作。串的来源称为"源串"，串的去向称为"目的串"。在 8086 指令系统中，源串的默认段寄存器是 DS 或指定为 CS、ES、SS 之一，偏移量只能是 SI，即源串的逻辑地址默认为 DS：SI 或指定为 CS：SI、ES：SI、SS：SI 之一。目的串的默认段寄存器是 ES，偏移量只能是 DI，即目的串的逻辑地址是 ES：DI。串操作指令执行时会自动修改 SI 和 DI 的值。如果串操作的数据单元字长是字节，那么每操作一个数据单元，SI 和 DI 会自动加 1 或减 1；如果串操作的数据单元字长是字，那么每操作一个数据单元，SI 和 DI 会自动加 2 或减 2。这里加或减是由标志位 DF 决定的。当 DF=0 时，表示串操作的方向是从低地址向高地址方向操作，此时 SI 和 DI 是自动加 1 或加 2；当 DF=1 时，表示串操作的方向是从高地址向低地址的方向操作，此时 SI 和 DI 是自动减 1 或减 2。当串操作执行完成后，指令指向最后操作的数据单元的下一个单元。将 DF 置"0"应使用 CLD 指令，将 DF 置"1"应使用 STD 指令。

串操作指令的流程如图 5-60 所示。

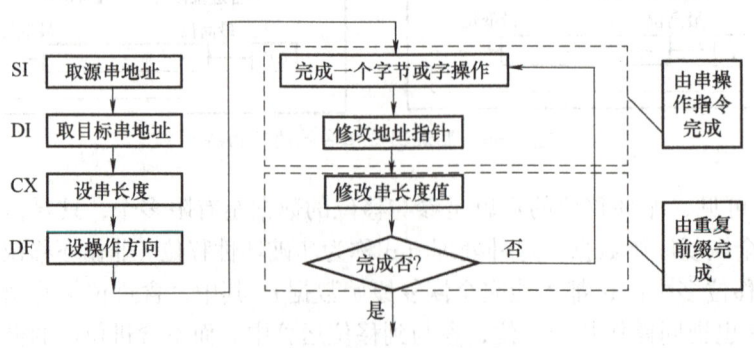

图 5-60 串操作指令的流程

串操作的流程：先取源串地址（SI），再取目的串地址（DI），设置串的长度（CX）和串操作的方向（DF），接着完成一个字节或一个字的操作，自动修改源串和目的串的地址并更新串的长度。通过串长度是否为 0 判断串操作是否完成。若未完成，就返回并继续完成下一个字节或字的操作；若完成，就退出串操作。为了简化指令的书写，"完成字节或字操作并自动修改源串和目的串地址"由串操作指令实现；"更新串的长度并判断串操作是否完成"由重复前缀实现。

字符串操作指令有串传送指令、串比较指令和串查询指令。

（1）串传送指令

MOVSB
MOVSW

图 5-61 串传送指令的调用格式

串传送指令的功能是将源串传送到目的串所在的位置。串传送指令的调用格式如图 5-61 所示。

MOVSB 指令表示将源串传送到目的串，每次操作一个字节；MOVSW 指令表示将源串传送到目的串，每次操作一个字。串传送指令通常与无条件重复前缀一起使用。

【例 5-56】 请编写程序：将 2000H：1200H 地址开始的 100 个字节传送到 6000H：0000H 开始的内存单元中。

程序如下：

```
MOV AX, 2000H    ; 由于不能将立即数直接传送到段寄存器中,
MOV DS, AX       ; 这里使用 AX 作为中转
MOV AX, 6000H    ;
MOV ES, AX       ;
MOV SI, 1200H    ; 第一步, 取源串地址
MOV DI, 0        ; 第二步, 取目的串地址
MOV CX, 100      ; 第三步, 设置串长度
CLD              ; 第四步, 设置串操作方向
REP MOVSB        ;
```

MOVSB 指令是每次从源串中取一个字节数据传送到目的串中，REP 表示每次传送完成后将 CX 减 1，并检查 CX 是否为 0，如果 CX 不为 0，则返回继续传送；如果 CX 为 0，则串传送完成。

（2）串比较指令

CMPSB
CMPSW

图 5-62 串比较指令的调用格式

串比较指令的功能是比较源串和目的串的内容是否相等。串比较指令的调用格式如图 5-62 所示。

CMPSB 指令每次从目的串取一个字节的数据并从源串取一个字节的数据，用目的串的数据减去源串的数据，但结果不写入目的串，而是通过标志位来判断这两个字节是否相等。如果相等且 CX 不为 0，就返回比较下一个字节；如果相等且 CX=0，就说明两个串完全相同；如果不相等，就停止比较。串比较指令通常与条件重复前缀一起使用。

【例 5-57】 请编写程序：比较两个字符串是否相同，并找出第一个不相等字符的地址，将该地址送入 BX，不相等的字符送 AL，两个字符串的长度均为 200B，M1 为源串首地址，M2 为目的串首地址。

LEA SI, M1   ; 第一步: 取源串地址

```
LEA DI, M2          ; 第二步：取目的串地址
MOV CX, 200         ; 第三步：设置串长度
CLD                 ; 第四步：设置串操作方向
REPE CMPSB          ; 比较源串和目的串对应字节数据是否相同, CX 减 1
JZ STOP             ; 如果 CX=0, 即两个串的内容完全相同, 跳转到 STOP
DEC SI              ; 否则, 说明两个串不相同, 回到有不相同元素的位置
MOV BX, SI          ; 将不相同元素的地址传送到 BX 中
MOV AL, [SI]        ; 将不相同元素传送到 AL 中
STOP: HLT           ; 程序停止
```

再详细地说明一下 REPE。REPE（REPeat if Equal）是条件重复前缀，表示如果比较的结果是两个元素相等，那么就将源串地址自动减 1，目的串地址自动减 1，并进行下一次比较。也就是说执行 REPE 的前提是，ZF=1 且 CX ≠ 0。

5.9 程序控制指令

程序控制指令也称为控制转移指令，其功能是控制程序的执行方向。我们知道，决定程序执行方向的因素包括 CS 和 IP。修改 IP 会使程序走向同一代码段的另一条指令；若同时修改 CS 和 IP，则会使程序走向另一个代码段。由于 Intel 指令集不允许用指令直接修改 CS 和 IP，因此程序控制类指令以隐含的方式修改了 CS 和 IP，并实现控制程序走向的目的。通过改变 IP 或 CS 和 IP 的值可实现对程序走向的三种基本控制：顺序控制、选择分支和循环控制。学习这部分指令的重点是关注各条指令如何实现对 CS 和 IP 的修改。

程序控制类指令包括转移指令、循环控制指令、过程调用指令和中断指令。

（1）转移指令

通过修改指令的 IP 地址或 CS 和 IP 地址实现程序的转移，包括无条件转移指令和条件转移指令。

无条件转移指令是程序无条件地转移到指定的内存地址并从该地址开始执行的指令。无条件转移指令无断点、无返回、无堆栈操作，也不影响标志位。无条件转移指令视目标指令位置与当前指令位置是否在同一代码段，分为段内转移和段间转移。段内转移保持 CS 不变，只改变 IP 的值；段间转移 CS 和 IP 均改变。

无条件转移指令的调用格式如图 5-63 所示。

段内转移包括段内直接转移和段内间接转移。

1）段内直接转移。段内直接转移包括段内直接短转移和段内直接近转移。调用格式如图 5-64 所示。

```
JMP 操作数
```

```
JMP SHORT DISP₈
JMP NEAR DISP₁₆
```

图 5-63　无条件转移指令的调用格式　　　　图 5-64　段内直接转移指令的调用格式

① 段内直接短转移指令：程序会转移到符号地址 $DISP_8$ 处执行指令。IP 与 $DISP_8$ 的距离是 8 位有符号数偏移量，即 IP 能够转移的范围是 −128 ~ +127。

② 段内直接近转移指令：程序会转移到符号地址 DISP$_{16}$ 处执行指令。IP 与 DISP$_{16}$ 的距离是 16 位有符号数偏移量，即 IP 能够转移的范围是 –32768～+32767。

【例 5-58】请查看下列程序并说明程序的功能。

```
        MOV CX, BX
        JMP SHORT NEXT
        AND CL, 0FH
NEXT:   OR CL, 0FH
```

这段程序是先将 BX 的值传送到 CX 中，然后通过无条件转移指令修改了 IP，直接跳转到 NEXT 指示的位置继续执行，即下一条指令是 OR CL，0FH。这里 NEXT 的前缀是 SHORT，说明 NEXT 与当前 IP 的距离在 –128～+127 范围内。

2）段内间接转移。段内间接转移的目标地址没有直接显示在程序中，而是存放在 16 位寄存器中或内存中相邻的两个内存单元中。可以采用寄存器寻址或寄存器间接寻址的方式获得 IP 的新地址。

【例 5-59】请查看下列程序并说明程序的功能。

```
JMP BX                      ;将 BX 的值赋给 IP，作为 IP 的新值。
JMP WORD PTR [BX+DI]        ;将 BX+DI 指示的连续两个内存单元的值作为 IP 值
```

3）段间直接转移。段间转移包括段间直接转移和段间间接转移。既然是段间转移，那么 CS 和 IP 的值都需要修改。段间直接转移指令的调用格式如图 5-65 所示。

`JMP FAR LABEL`

图 5-65　段间直接转移指令的调用格式

段间直接转移指令：程序会转移到符号地址 LABEL 处执行指令。其中，CS 修改为 LABEL 的段基址，IP 修改为 LABEL 的偏移地址。

【例 5-60】请说明 JMP 8000H：1200H 的含义。

指令 JMP 8000H：1200H 的含义是修改 CS 的值为 8000H，修改 IP 的值为 1200H。程序将会跳转到 8000H：1200H 的位置继续执行。

4）段间间接转移。段间间接转移指令的调用格式如图 5-66 所示。

`JMP DWORD PTR[寄存器]`

图 5-66　段间间接转移指令的调用格式

段间间接转移指令：内存单元 4 个连续的空间对应的 32 位数据中，低 16 位数据赋给 IP，高 16 位数据赋给 CS。

【例 5-61】请说明 JMP DWORD PTR [SI] 的含义。

SI 指向内存中连续 4 个内存单元，位于低地址的两个内存单元的内容赋给 IP，位于高地址的两个内存单元的内容赋给 CS。

5）条件转移指令。条件转移指令是指具备一定条件时程序转移到目标地址的指令。这里的"一定条件"通常指状态标志位的状态。条件转移指令的调用格式如图 5-67 所示，也称为条件相对转移指令。

`JCC DISP`

图 5-67　条件转移指令的调用格式

它以前一条指令执行后标志位的状态为依据，当条件 CC 成立时，IP 转至 DISP 指示的位置继续执行；当条件 CC 不成立时，IP 转至 IP+2 的位置顺序执行。所有条件转移指令都是直接寻址方式的短转移，只能在当前 IP 为中心 –128～+127 的范围内转移。条件转移指令包括表 5-14 所示的一些指令。

表 5-14 条件转移指令汇总

标志位	指令	转移条件	功能说明
CF	JC	CF=1	有进位 / 借位
	JNC	CF=0	无进位 / 借位
ZF	JE/JZ	ZF=1	相等 / 结果等于 0
	JNE/JNZ	ZF=0	不相等 / 结果不为 0
SF	JS	SF=1	是负数
	JNS	SF=0	是正数
OF	JO	OF=1	有溢出
	JNO	OF=0	无溢出

基于两个和三个标志位状态实现转移的指令：
① JA/JAE/JB/JBE 指令通过 CF 和 ZF 的状态，比较无符号数的大小。
② JG/JGE/JL/JLE 指令通过 OF 和 SF 的状态，比较有符号数的大小。
③ JCXZ 指令的条件是 CX 值为 0。

【例 5-62】 请写出满足要求的程序：若 AX=0，程序跳转到 ZERO。

从题目要求来看，需要使用条件转移指令。如果通过减法来判断 AX 是否为 0，那么 ZF 位可以作为判断的条件。基于上述分析，程序如下：
SUB AX, 0
JZ ZERO

【例 5-63】 请写出满足要求的程序：若 AX>60，程序跳转到 GOOD。

从题目要求来看，需要使用条件转移指令。可以通过 CMP 指令比较 AX 与 60 的大小，然后用 JG 来决定程序走向。基于上述分析，程序如下：
CMP AX, 60
JG GOOD

【例 5-64】 在内存数据段 NUM 单元存放了一个 16 位无符号数。请编写程序段，判断该数是否是偶数。如果该数是偶数，则将 CH 置 1，否则 CH 置 0。

程序如下：
MOV AX, NUM
TEST AX, 01H
JZ ISEVEN

```
        MOV CH, 0
        JMP FINISH
ISEVEN：MOV CH, 1
FINISH：HLT
```

在此段程序中，通过 TEST 指令计算了 AX 与 01H 相"与"的结果。若结果为 1 说明 AX 是奇数，若结果为 0 说明 AX 是偶数。因此，程序在 TEST 指令后出现了分支。若 AX 是偶数，程序将跳转到 ISEVEN 处，并将 CH 置 1 后停止。若 AX 是奇数，程序将继续执行，并将 CH 置 0 后停止。

（2）循环控制指令

循环控制指令的调用格式如图 5-68 所示。

LOOP LABEL

图 5-68 循环控制指令的调用格式

其中，LABEL 相当于近地址标号。指令执行的过程：将 CX 减 1，判断 CX 是否为 0，若 CX 不为 0，则指令转到 LABEL 指示的位置继续执行；若 CX 为 0，则退出循环，执行 LOOP 后的指令。可见，CX 保存了循环次数。因此，在执行 LOOP 指令前，要将循环次数赋值给 CX。此类指令也是段内短转移，即目标地址是以当前 IP 为中心的 –128～+127 的范围，指令的执行不会影响标志位。

1）无条件循环指令。循环的条件就是 CX 不为零。LOOP LABEL 的功能相当于下面两条指令：

```
DEC CX
JNZ LABEL
```

【例 5-65】 在首地址为 Array 的存储区域已存入长度为 M 的字数组，请编写程序，统计该数组中 0 元素的个数，统计结果存入 Result 单元中。

```
        MOV CX, M
        MOV Result, 0
        MOV SI, 0
AGAIN：MOV AX, Array [SI]
        CMP AX, 0
        JNZ NEXT
        INC Result
NEXT：ADD SI, 2
        LOOP AGAIN
```

这个程序的功能需要用到无条件循环指令。在使用无条件循环指令之前，先将循环的次数赋值给 CX，然后将 Result 和 SI 清 0。从 Array 的第一个字开始，检查是否为 0，如果不为 0，就将 SI+2，使用 LOOP 指令将 CX-1，并跳转到 AGAIN 的位置，取下一字继续比较；如果为 0，就将 Result 加 1，然后将 SI+2，再使用 LOOP 指令将 CX-1 并跳转回 AGAIN 的位置。

2）条件循环指令。条件循环指令先使 CX-1，再根据 CX 和 ZF 的值决定是否继续循环。因此，这类指令通常放在会影响 ZF 值的指令后面。例如：

LOOPZ LABEL；当 CX ≠ 0 且 ZF=1 时，跳转到 LABEL

LOOPNZ LABEL；当 CX ≠ 0 且 ZF=0 时，跳转到 LABEL

（3）过程调用和返回指令

在程序编写的过程中，将反复使用的模块独立出来编写成子程序，在需要时通过 CALL 指令调用子程序，执行完子程序以后通过 RET 返回主程序。

子程序调用指令的调用格式如图 5-69 所示。

子程序调用分段内调用和段间调用。段内调用包括段内直接调用和段内间接调用。段间调用包括段间直接调用和段间间接调用。

1）段内直接调用。段内直接调用指令的调用格式如图 5-70 所示。

CALL

图 5-69　子程序调用指令的调用格式

CALL 过程名

图 5-70　段内直接调用指令的调用格式

在执行这条指令的过程中，指令要完成的操作有：先将 SP-2，再将 IP 压入堆栈，最后将过程名对应的偏移地址赋值给 IP。由于子程序和主程序在同一个代码段内，因此不需要修改 CS 的值，只需要修改 IP 的值。

2）段内间接调用。段内间接调用指令的调用格式如图 5-71 所示。

在执行这条指令的过程中，指令要完成的操作有：先将 SP-2，再将 IP 压入堆栈，最后将寄存器的内容赋值给 IP。

【例 5-66】　请说明下列指令的含义。

CALL BX；段内间接调用，将 IP 值入栈后，将 BX 的值赋给 IP

CALL WORD PTR［BX］；段内间接调用，将 IP 值入栈后，将 BX 指示的内存单元中的一个字赋值给 IP。

3）段间直接调用。段间直接调用指令的调用格式如图 5-72 所示。

CALL 寄存器

图 5-71　段内间接调用指令的调用格式

CALL FAR 过程名

图 5-72　段间直接调用指令的调用格式

在执行这条指令的过程中，指令要完成的操作有：先将 SP-2，再将 CS 压入堆栈，接着再将 SP-2，并将 IP 压入堆栈，最后将过程名所在代码段的段基址赋值给 CS，将过程名所在代码段的偏移地址赋值给 IP。由于是段间转移，意味着程序会转移到其他的代码段，因此 CS 和 IP 的值都需要修改。

4）段间间接调用。段间间接调用指令的调用格式如图 5-73 所示。

在执行这条指令的过程中，指令要完成的操作有：先将 SP-2，再将 CS 压入堆栈，接着再将 SP-2，并将 IP 压入堆栈，最后内存单元中存储的 32 位数据的低字赋值给 IP，高字赋值给 CS。

【例 5-67】　请说明下列指令的含义。

CALL 3000H：2100H；段间直接调用，将 IP 和 CS 入栈后，将 3000H 赋给 CS，将 2100H 赋值给 IP

CALL DWORD PTR [BX]；段间间接调用，将 IP 和 CS 入栈后，将 BX 指示的内存单元中的两个字中的低字赋值给 IP，高字赋值给 CS。

5）返回指令。返回指令的调用格式如图 5-74 所示。

CALL DWORD PTR [存储单元地址]

图 5-73　段间间接调用指令的调用格式

RET

图 5-74　返回指令的调用格式

返回指令是子程序的最后一条指令。如果是段内子程序调用，在执行 RET 指令时，会从堆栈的栈顶弹出一个字到 IP。如果是段间子程序调用，在执行 RET 指令时，会先从堆栈的栈顶弹出一个字到 IP，再从栈顶弹出一个字到 CS。

（4）中断和中断返回指令

计算机暂时终止正在运行的程序转去处理一组专门的服务程序，完毕后又返回到被终止的程序继续执行，这样的过程称为中断。中断分为外部中断和内部中断。外部中断也称为硬中断，主要用来处理外设和 CPU 之间的通信。内部中断也称为软中断，用来处理类似除数为零或中断指令所引起的中断。8086 的中断向量区占了 1024 个字节，每 4 个字节定义为一个中断向量，共有 256 个向量中断，用 n 表示，则 n 的取值范围是 0～255。一个中断向量记录了内部中断程序入口地址的 CS 和 IP。内部中断调用和中断返回要一起使用，指令的调用格式如图 5-75 所示。

INT n
IRET

图 5-75　中断调用和中断返回指令的调用格式

中断指令的执行过程：首先，将标志寄存器压入堆栈，然后将 CS 和 IP 压入堆栈，根据中断类型号 n 计算 n×4 的结果，到中间向量表中查询中断处理程序入口地址的 IP 和 CS，4n 和 4n+1 记录的是 IP，4n+2 和 4n+3 记录的是 CS，最后 CPU 转去处理该中断程序。

5.10　处理器控制指令

这个指令用来对 CPU 进行控制，包括修改标志寄存器的标志位、使 CPU 暂停、使 CPU 与外部设备同步等。处理器控制指令的控制对象是 CPU，均为零操作数指令。

（1）标志位操作指令

标志位操作指令完成对标志位置位、复位等操作，共有 7 条，见表 5-15。

表 5-15　标志位操作指令

指令格式	操作	说明
STC	CF ← 1	进位标志置 1
CLC	CF ← 0	进位标志清 0
CMC	CF ← $\overline{CF}$	进位标志取反
STD	DF ← 1	方向标志置 1
CLD	DF ← 0	方向标志清 0
STI	IF ← 1	中断允许标志置 1，开中断
CLI	IF ← 0	中断允许标志清 0，关中断

(2) 外部同步指令

外部同步指令用于控制 CPU 的动作，这类指令不影响标志位，共有 5 条，见表 5-16。

表 5-16　外部同步指令

指令格式	说明
HLT	使 CPU 处于暂停状态。由该指令引起的 CPU 暂停，只有复位（RESET 信号）、外部中断请求（NMI 信号或 INTR 信号）可使其退出。常用于等待中断或多处理机系统的同步操作
WAIT	处理器检测$\overline{\text{TEST}}$引脚信号，当$\overline{\text{TEST}}$信号为高电平时，处理器处于空转状态，不做任何操作；当$\overline{\text{TEST}}$信号为低电平时，处理器退出空转状态，执行后续指令
ESC	该指令将 CPU 的控制权交给协处理器
LOCK	该指令是一个前缀，可放在任何指令的前面。CPU 执行到该指令时，将总线封锁，独占总线，直到该指令执行完毕，才解除对总线的封锁。通常用于在共享资源的多处理器系统中，对系统资源进行控制
NOP	CPU 执行到该指令时，不执行任何操作，但要花费 CPU 一个机器周期的时间

综合分析

回到本单元开始的项目，项目有两个要求，我们先来看学习要求 1）：请说明下列指令分别使用什么操作数。我们知道，如果没有特别说明，一般情况下，操作数都是指源操作数。

（1）AND AL，0FH

这里源操作数是 0FH，它是立即数，因此，这条指令是立即数操作数。

（2）ADC AL，BL

这里源操作数是 BL，它是 CPU 内部的寄存器，因此，这条指令是寄存器操作数。

（3）LEA BX，[SI]

这里源操作数是[SI]，[]表示存储器中的存储单元，因此，这条指令是存储器操作数。

学习要求 2）是输入上述指令，我们以 AND AL，0FH 指令为例。

首先，如图 5-76 所示，打开 Masm 的图标。

图 5-76　Masm 图标

然后，如图 5-77 所示，在 Masm 的界面中输入指令，即 AND AL，0FH。然后如图 5-78 所示，在菜单栏中找到"调试"按钮，单击可进入如图 5-79 所示的画面。

单元5 8086指令系统

图 5-77 在 Masm 中编辑程序

图 5-78 调试按钮

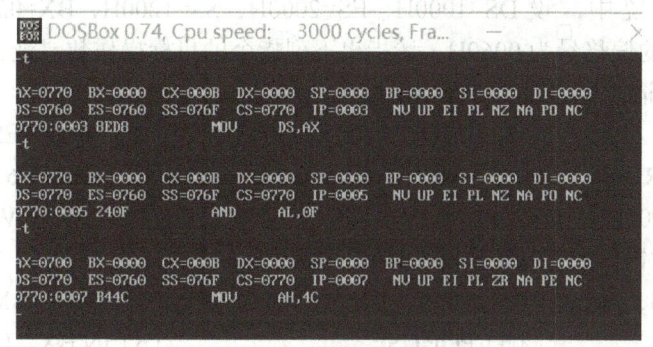

图 5-79 DOSBox 界面

进入图 5-79 的画面以后，输入 t 命令，可以看到指令被逐条执行，下一条指令执行时，可以看到寄存器的变化。例如，AND AL，0FH 这条指令被执行前，AX 内部的值是 0770H，在这条指令被执行后，AX 的值变为 0700H。

归纳总结

本单元介绍了 8086 的指令系统，从指令的操作数开始介绍了寻址方式，以及各种各样的指令。对这些指令正确的理解和应用，是学习汇编语言源程序的基础。因此，这一单元起到了承上启下的作用。

各种自动化设备都按照预先指定的工序执行动作，知道它是在执行程序，程序是什么？其实就是由一条条的指令构成的能够执行一定功能的代码。这些代码能够执行一定功能的前提是它能够被编译成微型计算机 CPU 能够看懂并且执行的命令。因此，指令一定要写得正确，才能被正确编译，否则会报错。指令的功能也一定要正确，才能达到预定的效果。

据媒体报道，龙芯中科放弃 MIPS 指令系统，于 2021 年 4 月 15 日发布了完全自主指令集架构 LoongsonArchitecture，简称龙芯架构或 LoongArch，已通过国内第三方知名知识产权评估机构的评估。除了制造工艺和代工问题，国产 CPU 欠缺的就是最基础的指令集，它是 CPU 执行软件指令的二进制编码格式规范，一套指令系统就承载了一个操作系统、应用

93

软件生态。

无论哪种指令系统，都需要获得授权才能研制与之相兼容的 CPU。拥有指令集的公司很容易就能对获得授权的芯片设计公司"卡脖子"，因此 LoongArch 对中国集成电路产业而言是一个历史性突破。LoongArch 具有完全自主、技术先进、兼容生态三个方面的特点。我们要通过技术自强实现科技强国。

思考与练习

1. 什么叫寻址方式？8086 支持哪几种寻址方式？

2. 8086 支持的数据寻址方式有哪几类？采用哪一种寻址方式的指令执行速度最快？

3. 内存寻址方式中，一般只指出操作数的偏移地址，那么，段地址如何确定？如果要用某个段寄存器指出段地址，指令中应如何表示？

4. 在 8086 系统中，设 DS=1000H，ES=2000H，SS=1200H，BX=0300H，SI=0200H，BP=0100H，VAR 的偏移量为 0060H，请指出下列指令的目标操作数寻址方式。若目标操作数为内存操作数，请计算它们的物理地址是多少？

（1）MOV BX, 12　　　　（2）MOV [BX], 12　　　　（3）MOV ES：[SI], AX
（4）MOV VAR, 8　　　　（5）MOV [BX] [SI], AX　　（6）MOV 6 [BP] [SI], AL
（7）MOV [1000H], DX　（8）MOV 6 [BX], CX　　　（9）MOV VAR+5, AX

5. 判断指令对错。如果是错误的，请说明原因。

（1）XCHG CS, AX　　　（2）MOV [BX], [1000]　　（3）XCHG BX, IP
（4）PUSH CS　　　　　（5）POP CS　　　　　　　（6）IN BX, DX
（7）MOV BYTE [BX], 1000　　　　　　　　　　　（8）MOV CS, [1000]
（9）MOV BX, OFFSET VAR [SI]　　　　　　　　 （10）MOV AX, [SI] [DI]
（11）MOV COUNT [BX] [SI], ES：AX

6. 试述以下指令的区别。

（1）MOV AX, 3000H　　　与　MOV AX, [3000H]
（2）MOV AX, MEM　　　　与　MOV AX, OFFSET MEM
（3）MOV AX, MEM　　　　与　LEA AX, MEM
（4）JMP SHORT L1　　　　与　JMP NEAR PTR L1
（5）CMP DX, CX　　　　　与　SUB DX, CX
（6）MOV [BP] [SI], CL　　与　MOV DS：[BP] [SI], CL

7. 设 DS=2100H，SS=5200H，BX=1400H，BP=6200H，说明下面两条指令所进行的具体操作。

（1）MOV BYTE PTR [BP], 200　　（2）MOV WORD PTR [BX], 2000

8. 设当前 SS=2010H，SP=FE00H，BX=3457H，计算当前栈顶的地址为多少？当执行 PUSH BX 指令后，栈顶地址和栈顶 2 字节的内容分别是什么？

9. 设 DX=78C5H，CL=5，CF=1，确定下列各条指令执行后 DX 和 CF 中的值。

（1）SHR DX, 1　　（2）SAR DX, CL　　（3）SHL DX, CL
（4）ROR DX, CL　（5）RCL DX, CL　　（6）RCR DH, 1

10. 设 AX=0A69H，VALUE 字变量中存放的内容为 1927H，写出下列各条指令执行后 AX 寄存器和 CF、ZF、OF、SF、PF 的值。

（1）XOR　AX，　VALUE　（2）AND　AX，　VALUE　（3）SUB　AX，　VALUE

（4）CMP　AX，　VALUE　（5）NOT　AX　　　　　（6）TEST　AX，　VALUE

11. 设 AX 和 BX 是有符号数，CX 和 DX 是无符号数，若转移目标指令的标号是 NEXT，请分别为下列各项确定 CMP 和条件转移指令。

（1）CX 值超过 DX 转移　　　（2）AX 值未超过 BX 转移

（3）DX 为 0 转移　　　　　　（4）CX 值小于等于 DX 转移

12. 阅读分析下列指令序列：

ADD　AX，　BX

JNO　L1

JNC　L2

SUB　AX，　BX

JNC　L3

JNO　L4

JMP　L5

若 AX 和 BX 的初值分别为以下 5 种情况，则执行该指令序列后，程序将分别转向何处（L1～L5 中的一个）?

（1）AX=14C6H，BX=80DCH　　（2）AX=0B568H，BX=54B7H

（3）AX=42C8H，BX=608DH　　（4）AX=0D023H，BX=9FD0H

（5）AX=9FD0H，BX=0D023H

13. 用算术运算指令执行 BCD 码运算时，为什么要进行十进制调整？具体来讲，在进行 BCD 码的加、减、乘、除运算时，程序段的什么位置必须加上十进制调整指令？

14. 在编制乘除程序时，为什么常用移位指令来代替乘除法指令？试编写一个程序段，不用除法指令，实现将 BX 中的数除以 8，结果仍放在 BX 中。

15. 串操作指令使用时与寄存器 SI、DI 及方向标志 DF 密切相关，请具体就指令 MOVSB/MOVSW、CMPSB/CMPSW、SCASB/SCASW、LODSB/LODSW、STOSB/STOSW 列表说明和 SI、DI 及 DF 的关系。

16. 用串操作指令设计实现以下功能的程序段：首先将 100H 个数从 2170H 处移到 1000H 处，然后，从中检索等于 AL 值的单元，并将此单元值换成空格符。

17. 求双字长数 DX：AX 的相反数。

18. 将字变量 A1 转换为反码和补码，分别存入字变量 A2 和 A3 中。

19. 试编程对内存 53481H 单元中的单字节数完成以下操作：①求补后存 53482H 单元；②最高位不变，低 7 位取反存 53483H 单元；③仅将该数的第 4 位置 1 后，存 53484H 单元。

20. 自 1000H 单元开始有 1000 个单字节有符号数，找出其中的最小值，放在 2000H 单元。

21. 试编写一个程序，比较两个字符串 STRING1 和 STRING2 所含字符是否完全相同，若相同则显示"MATCH"，若不同则显示"NOT MATCH"。

22. 用子程序的方法计算 a+10b+100c+20d，其中 a, b, c, d 均为单字节无符号数，存放于数据段 DATA 起的 4 个单元中，结果为 16 位，存入 DATA+4 的两单元中。

23. 试编写一段程序把 LIST 到 LIST+100 中的内容传送到 BLK 到 BLK+100 中。

24. 自 BUFFER 单元开始有一个数据块，BUFFER 和 BUFFER+1 单元中存放的是数据块长度，自 BUFFER+2 开始存放的是以 ASCII 码表示的十进制数，把它们转换为 BCD 码，且把两个相邻单元的数码合并成一个单元（地址高的放在高 4 位），存放到自 BUFFER+2 开始的存储区。

25. 设 CS：0100H 单元有一条 JMP SHORT LAB 指令，若其中的偏移量为：
（1）56H；（2）80H；（3）78H；（4）0E0H
试写出转向目标的物理地址是多少？

26. 不使用乘法指令，将数据段中 10H 单元中的单字节无符号数乘 10，结果存于 12H 单元（设结果小于 256）。

27. 不使用除法指令，将数据段中 10H、11H 单元中的双字节有符号数除以 8，结果存入 12H、13H 单元（注：多字节数存放格式均为低位在前、高位在后）。

28. 内存 BLOCK 起存放有 32 个双字节有符号数，试将其中的正数保持不变，负数求补后放回原处。

29. 数据段中 3030H 起有两个 16 位的有符号数，试求它们的积，存入 3034H 单元。

单元 6
汇编语言程序设计

学习目标

● **知识目标**
1. 掌握汇编语言源程序的结构；
2. 掌握汇编语言数据、操作符和表达式的使用；
3. 掌握伪指令的概念和定义；
4. 掌握汇编语言源程序质量的评价标准。

● **能力目标**
1. 能够正确使用汇编语言源程序的结构框架；
2. 能够正确使用伪指令；
3. 能够正确调用系统功能；
4. 能够根据要求正确编写汇编语言源程序。

● **素质目标**
1. 简单的事情重复做，重复的事情用心做；
2. 低水平的重复用精简的语言表达；
3. 注重编程框架的使用规则与规范；
4. 注重流程图，先理清思路再开始做事。第一步：理清思路，第二步：行动。真正花时间的应该是第一步：理清思路。只要思路清晰了，按思路做出方案，效率会很高。所以不要吝惜用来思考的时间。

学习重难点

1. 伪指令的用法；
2. 汇编语言程序设计框架。

> **学习背景**

利用 Masm 软件检验伪指令的学习效果。

> **学习要求**

1) 请写出下列伪指令定义的变量在内存中的情况。

ARV1 DB 3+4，43H，-2

ARV2 DW 474FH，1，?

COUNT EQU 2

ARV3 DB 2 DUP（1，COUNT DUP（2））

ARV4 DD ARV3

ARV5 DB 'AB'

ARV6 DW 'AB'

2) 在 Masm 中新建程序，将项目要求 1) 中定义的变量写入此程序的变量区，运行程序，并使用 DEBUG 命令查看内存中的数据。解释一下为什么内存中存储的是这些数据。

3) 在程序区写下如下指令。

MOV AL，ARV1

DEC ARV1+2

MOV ARV5，AL

使用 DEBUG 的单步执行命令调试程序，说明每一条指令的作用，并使用 DEBUG 的命令查看内存，验证你的想法。

> **知识准备**

6.1 汇编语言概述

6.1.1 概述

汇编语言（Assembly Language）是介于机器语言和高级语言之间的计算机语言，是一种用符号表示的面向机器的程序设计语言。它比机器语言易于阅读、编写和修改，又比高级语言运行速度快，能充分利用计算机的硬件资源，占用内存空间少。汇编语言常用于计算机控制系统的开发和高级语言编译程序的编制等场合。采用不同 CPU 的计算机有不同的汇编语言。

用汇编语言编写的程序称为汇编语言程序或源程序（Source Program）。汇编语言程序不能直接在计算机上运行，需要将它翻译成机器语言程序，也称为目标代码程序，这个翻译过程称为汇编，完成汇编任务的程序称为汇编程序。汇编程序要完成以下任务：①将汇编语言程序翻译成目标代码程序；②按指令要求自动分配存储区（包括程序区、数据区）；③自动把汇编语言程序中以各种进制表示的数据转换成二进制形式的数据；④计算表达式的值；⑤对汇编语言程序进行语法检查，并给出语法出错的提示信息。

6.1.2 汇编语言源程序的结构

一个完整的汇编语言源程序通常由若干个逻辑段（SEGMENT）组成，包括数据段、附加段、堆栈段和代码段。每个逻辑段以 SEGMENT 语句开始，以 ENDS 语句结束，整个源程序用 END 语句结束。例如：

段名 1 SEGMENT
段名 1 ENDS
段名 2 SEGMENT
段名 2 ENDS
END

【例 6-1】 查看下列汇编语言源程序，并注意程序的结构。

```
DATA SEGMENT           ;定义数据段
  X    DW   2010H      ;定义被加数
  Y    DW   2011H      ;定义加数
  RESULT DW  ?         ;分配"和"存放的单元
DATA ENDS              ;数据段定义结束
CODE SEGMENT
ASSUME   CS：CODE，DS：DATA
START：MOV AX，DATA
MOV DS，AX
MOV AX，X
ADD AX，Y
MOV RESULT，AX
MOV AH，4CH
INT 21H
CODE ENDS
END   START
```

上述汇编语言程序有数据段和代码段，DATA 和 CODE 分别为两个段的名字。每个段有明显的起始语句 SEGMENT 与结束语句 ENDS。每段包含了若干条汇编语句。汇编语句的主体是汇编指令。一条语句写一行，为了清晰，书写语句时，注意语句的各部分要尽量对齐。汇编语言程序需要一个启动标号作为程序开始执行时目标代码的入口地址。启动标号可以按照汇编语言的标号命名规则由编程人员自己定义。常用的启动标号有 START、BEGIN 等。计算机一旦启动成功，由 DOS 掌握 CPU 的控制权。应用程序只是作为 DOS 的子程序，应用程序执行完，必须返回 DOS。在【例 6-1】中：

MOV AH，4CH
INT 21H

就是程序结束，返回 DOS 的语句。

6.1.3 语句类型及格式

汇编语言的语句分成指令性语句和指示性语句。

1）指令性语句。指令性语句是可执行语句，汇编后将产生目标代码，CPU 根据这些目标代码执行并完成特定的操作。指令性语句的格式为：

[标号：] 指令助记符　[操作数] [；注释]

例如，START：MOV AX, DSEG

2）指示性语句。指示性语句也称伪指令语句，是不可执行语句，汇编后不产生目标代码，它仅仅在汇编过程中告诉汇编程序：哪些语句属于一个段、是什么类型的段、各段存入内存应如何组装、给变量分配多少个存储单元、给数字或表达式命名等。指示性语句的格式为：

[符号名] 伪指令助记符 [操作数] [；注释]

例如，DATA1 DW 0F856H

汇编语言格式的几个组成部分。上述语句的格式都由 4 个部分组成。其中，带方括号 [ ] 的部分是可选项。各部分之间必须用空格隔开。操作数项由一个或多个表达式组成，用 "," 隔开。注释项用来说明程序或语句的功能。"；"是注释项的开始，注释项应跟在语句的后面。

标号与符号名都称为名字。标号是可选项，一般设置在程序的入口处或程序跳转点处，表示一条指令的符号地址，在代码段中定义，后面必须跟 "："。符号名也是一个可选项，可以是常量、变量、段名、过程名、宏名，后面不能跟 "："。

名字的命名规则：

① 合法符号：英文字母（不分大小写）、数字及特殊符号（"?" "@" "_" "$"）。

② 名字可以用除数字外所有的合法符号开头。

③ 名字的有效长度不超过 31 个英文字符。

④ 不能把保留字（如 CPU 的寄存器名、指令助记符等）用作名字。

注释项用来说明一段程序、一条或几条指令的功能，此项可有可无。但是，对于汇编语言程序来说，注释项可以使程序易于被读懂；对编程人员来说，注释项是"备忘录"。例如：

MOV CX, 100 　　；将 100 传送到 CX
MOV SI, 100H 　　；将 100H 传送到 SI
MOV DI, 200H 　　；将 200H 传送到 DI

这样注释没有说明工作单元的初值在程序中真正的作用，应改为：

MOV CX, 100 　　；循环计数器 CX 置初值
MOV SI, 100H 　　；源数据区指针 SI 置初值
MOV DI, 200H 　　；目的数据区指针 DI 置初值

因此，编写好汇编语言程序后，如何写好注释也十分重要。

6.1.4 汇编语言的数据

数据是汇编语言语句的重要组成部分。汇编语言能识别的数据有常量、变量和标号。

（1）常量

常量是没有任何属性的纯数值数据，它的值在汇编期间和程序运行过程中不能改变。汇编语言程序中的常量有数值常量、字符常量和符号常量。

1）数值常量。在汇编语言程序中，数值常量可以用不同进制形式表示。如二进制、八进制、十六进制和十进制。

2）字符常量。字符常量是用单引号括起来的单个字符，例如'a''1'等。字符常量作为操作数体现的值是其 ASCII 码。

3）符号常量。符号常量是用名字来标识的常量。以符号常量代替常量，可以增加程序的可读性及通用性。

（2）变量

变量是存储单元的符号地址，这类存储单元的内容可以在程序运行期间被修改。变量以变量名的形式出现在程序中。同一个汇编语言程序中，变量只能定义一次。变量具有以下三种属性：

1）段属性：变量所在段的段地址。
2）偏移属性：变量所在段的段内偏移地址。
3）类型属性：变量占用存储单元的字节数，见表 6-1。

表 6-1 变量和标号的类型及类型值

	类型	类型值	占用存储单元的字节数	说明
变量	BYTE	1	1	字节型
	WORD	2	2	字型
	DWORD	4	4	双字型
	QWORD	8	8	四字型
	TBYTE	10	10	五字型
标号	NEAR	–1		近标号（段内调用）
	FAR	–2		远标号（段间调用）

变量可以用变量定义伪指令 DB、DW、DD 等来定义，详见下文内容。

（3）标号

标号是指令的符号地址，可用作控制转移指令的操作数。标号具有以下三种属性。

1）段属性：标号所在段的段地址。
2）偏移属性：标号所在段的段内偏移地址。
3）类型属性：也称为距离属性，表示标号可作为段内或段间的转移特性，见表 6-1。

【例 6-2】请查看如下程序，并识别标号。

LABEL：MOV AX，NUM1
⋮
　　　JMP NEAR LABEL

本例中 LABEL 是标号。它所在段的段基址是它的段地址，它所指示的指令在代码段的偏移地址是它的偏移地址。在跳转指令中已经说明了 LABEL 的第三个属性，它是近标号，可作段内转移使用。

> **特别说明：** 变量名是变量的符号地址，标号是指令的符号地址。

6.1.5 汇编语言的操作符与表达式

操作符是汇编语言的重要组成部分，它可以由常量、寄存器、标号、变量或表达式组成。表达式是常量、寄存器、标号、变量与一些操作符组合的序列，分为数值表达式和地址表达式两种。汇编程序在汇编时按照一定的规则对表达式进行计算后可以得到一个数值或地址值。

（1）算术操作符

算术操作符有 +（加）、−（减）、*（乘）、/（除）和 MOD（取余）。参加运算的数和运算的结果都是整数。除法运算的结果是商的整数部分，取余运算的结果是两个整数相除后得到的余数。算术操作符可用于数值表达式或地址表达式，当它用于地址表达式时，就是将地址值与一个偏移量相加或相减得到一个新的地址值。

【例 6-3】 算术操作符举例。

MOV AX，2+3+5；算术操作符应用于数值表达式，汇编后 2+3+5 被 10 代替
MOV BL，NUM+1

若 NUM 为某字节单元的符号地址，该指令表示将 NUM 单元下一个字节单元的内容赋值给寄存器 BL。需要说明的是，表达式 NUM+1 在汇编时由汇编程序计算，汇编后得到的目标程序中表达式的值已经被它的值代替，不是由 CPU 在执行该指令时才计算的。

（2）逻辑操作符

逻辑操作符有 AND（与）、OR（或）、NOT（非）和 XOR（异或）。逻辑操作按位进行，只适用于数值表达式。汇编程序对逻辑操作符前后的两个数值或数值表达式进行指定的逻辑操作。要注意区分逻辑操作符和逻辑指令。

【例 6-4】 逻辑操作符举例。

AND DX，PORT AND 0FH

第一个 AND 是逻辑指令助记符，由 CPU 执行。第二个 AND 是逻辑操作符，由汇编程序在汇编时完成该逻辑表达式的计算。

（3）移位操作符

移位操作符有 SHL 和 SHR，按位操作，只适用于数值表达式。移位操作符的用法如下：

数值表达式 SHL 移动位数 n

数值表达式 SHR 移动位数 n

汇编程序把数值表达式的值左移（SHL）和右移（SHR）n 位。当 n>15 时，结果为 0。

（4）关系操作符

关系操作符用于数的比较，有相等（EQ）、不相等（NE）、小于（LT）、大于（GT）、

小于等于（LE）和大于等于（GE）6种。关系操作符两边的操作数必须是两个数值或同一段中两个存储单元地址。关系操作符的运算结果是逻辑值，当结果为真时，相当于0FFFFH；当结果为假时，相当于0。

【例6-5】 关系操作符举例。

　　MOV AX，4 EQ 3

　　该指令编译后的结果为：MOV AX，0。

（5）数值回送操作符

数值回送操作符的运算对象必须是内存操作数，即变量或标号。操作符加在运算对象的前面，返回一个数值。其用法和功能见表6-2。

表6-2　数值回送操作符的用法和功能

操作符	功能	用法
SEG	返回变量或标号的段地址	MOV AX，SEG DATA1
OFFSET	返回变量或标号的偏移地址	MOV SI，OFFSET DATA1
TYPE	返回变量或标号的类型值	MOV AL，TYPE DATA1
LENGTH	返回变量所定义的元素的个数	MOV AL，LENGTH DATA1
SIZE	返回变量所占的字节数	MOV AL，SIZE DATA1

（6）属性操作符

属性操作符用来建立或改变已定义变量、内存操作数或标号的类型属性。属性操作符有PTR、段操作符等。

1）PTR。PTR的调用格式为：类型 PTR 变量/标号。返回值是具有规定类型属性的变量或标号。应用场景包括以下几种。

①重新指定变量类型。

【例6-6】 设有如下数据定义：BUFW DW 1234H，5678H，请查看下列程序中PTR的用法。

　　MOV AX，BUFW

　　MOV AL，BYTE PTR BUFW；临时改变BUFW的字属性为字节属性

② 指定内存操作数的类型。在寄存器间接寻址、寄存器相对寻址、基址变址寻址或相对基址变址寻址等内存寻址方式中，需要明确操作数的类型属性。例如，INC［BX］，汇编时会提示出错。因为这里［BX］只说明了内存单元的入口地址，并没有声明字长。此时，可以使用PTR声明字长。例如：

　　INC BYTE PTR［BX］

　　INC WORD PTR［BX］［SI］

③ 与EQU一起定义一个新的变量。新变量或新标号的段属性、偏移属性与前一个已定义的变量或标号的段属性、偏移属性相同。

【例 6-7】 使用 EQU 和 PTR 定义新的变量。

BUFW DW 1234H，5678H；已定义的字变量
BUFB EQU BYTE PTR BUFW；BUFB 的段属性和偏移属性与 BUFW 相同，但类型属性为 BYTE。

2）段操作符。即前文提到的段超越前缀。用来指定一个标号、变量或地址表达式的段属性。

【例 6-8】 段操作符举例。

MOV AX，ES：[BX]；指定数据在 ES 段

6.2 伪指令

伪指令，顾名思义，它不是机器指令，不像机器指令那样在程序运行期间由 CPU 来执行，而是汇编程序对汇编语言程序进行汇编时要执行的操作。因此，在编译后不会产生与之相应的目标代码。常用的伪指令包括变量定义伪指令、符号定义伪指令、段定义伪指令、过程定义伪指令、结束伪指令及定位伪指令。

6.2.1 变量定义伪指令

1. 语句格式

变量定义伪指令用来为数据分配存储单元，建立变量与存储单元之间的联系。语句格式为：

[变量名] 伪指令助记符　操作数 1[，操作数 2，…]

其中，变量名是符号地址；伪指令助记符用来定义变量的类型；操作数是变量的值，可以是常数表达式或字符串，其大小不能超过伪指令助记符所限定的范围。变量的类型和操作数的个数决定了该变量所占内存空间的大小。

常用的变量定义伪指令包括 DB（Define Byte）、DW（Define Word）、DD（Define Double word）、DQ（Define Quad word）和 DT（Define Ten bytes），分别用来定义字节类型变量、字类型变量、双字类型变量、四字类型变量和五字类型变量。

【例 6-9】 变量定义伪指令举例。

DATA1 DB 12，33H
DATA2 DW 11H，22H，3344H
DATA3 DD 11H*2，22H，33445566H

这段程序是定义变量 DATA1、DATA2 和 DATA3。这三个变量在内存中存储的示意图如图 6-1 所示。

由图 6-1 可见，在内存中先存储 DATA1。DATA1 是 DB 类型，所以每个操作数都占用一个字节的内存空间，即占用一个内存单元。12 是十进制数，在内存中要存储它的十六进制数，即 0CH；接着存储 33H；然后再存储 DATA2。DATA2 是 DW 类型，所以每个操作

数都占用一个字的内存空间，即占用两个内存单元。所以 11H 占用了两个内存单元，高地址内存单元存 00H，低地址内存单元存 11H，其他以此类推。最后存储 DATA3。DATA3 是 DD 类型，所以每个操作数都占用两个字的内存空间，即占用四个内存单元。11H*2 是表达式，在汇编时汇编程序会计算出它的结果为 22H，22H 占用 4 个内存单元，其实在内存中存储的是 00000022H。

符号地址具有以下关系：
DATA2=DATA1+2
DATA3=DATA2+6=DATA1+8

字符串必须使用 DB 定义。字符常量要加单引号，存储的是该字符的 ASCII 码。

【例 6-10】 数据定义伪指令举例二。

DATA4 DB 'ABCD'，66H

这段程序是定义变量 DATA4。这个变量在内存中存储的示意图如图 6-2 所示。

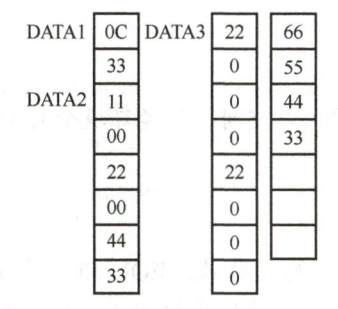

图 6-1 DATA1、DATA2、DATA3 在内存中存储的示意图

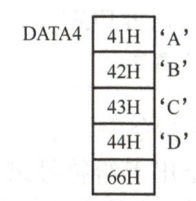

图 6-2 DATA4 在内存中存储的示意图

由图 6-2 可见，DATA4 是 DB 类型，所以每个操作数都占用一个字节的内存空间，即占用一个内存单元。ABCD 加单引号，因此是字符变量，在内存中用 ASCII 码表示，因此在内存中依次存储的是 41H、42H、43H、44H 和 66H。

2. 重复操作符

当同样的操作数重复多次时，可以使用重复操作符。重复操作符的调用格式如下：

[变量名] 伪指令助记符 n DUP (初值 [, 初值, …])

其中，n 表示重复的次数，括号中的初值是被重复的内容。

【例 6-11】 重复操作符举例。

M1 DB 10 DUP (0)

这段程序中 M1 是变量名，M1 包含 10 个字节，每个字节的内容都是 0。

3. "？"的作用

"？"表示预留空间，内容不定，是随机数。

【例 6-12】 "？"在变量定义中的应用。

MEM1 DB 34H，'A'，?

在这段程序中，MEM1 是变量名，MEM1 的变量类型是 DB，共有三个操作数，每个操作数都占用一个字节，包括 34H、41H 和随机数。

6.2.2 符号定义伪指令

常用符号定义伪指令有 EQU、= 和 LABEL。

（1）EQU 伪指令

EQU 伪指令用于给一个表达式赋一个名字，这里的表达式可以是常数、符号、数值表达式、地址表达式或指令助记符。它的作用类似常量，在同一汇编语言程序中，一个名字只能用 EQU 定义一次。EQU 伪指令的调用格式如下：

名字 EQU 表达式

【例 6-13】 EQU 伪指令的应用。

PIX EQU 64*1024 ；为数值表达式 64*1024 定义一个名字 PIX
A   EQU   7
B   EQU   A-2

> **特别说明**：使用 EQU 为表达式命名，并不会占用内存空间。编译环境会自动用表达式替换所有的"名字"。

（2）"=" 伪指令

"=" 伪指令用于给符号赋一个常量或结果是常量的表达式。EQU 与 "=" 的区别：EQU 不允许对同一个符号重复定义，但 "=" 允许对同一个符号重复定义。"=" 伪指令的调用格式如下：

名字 = 表达式

【例 6-14】 "=" 伪指令的应用。

COUNT = 10
MOV AL，COUNT
…
COUNT = 5
…

（3）LABEL 伪指令

LABEL 伪指令的功能是定义变量或标号的类型，而变量或标号的段属性和偏移属性由该语句所处的位置确定。LABEL 伪指令的调用格式如下：

变量 / 标号   LABEL 类型

变量的类型有 BYTE、WORD、DWORD、DQ、DT；标号的类型有 NEAR、FAR。

【例 6-15】 LABEL 伪指令的应用。

AREAW　LABEL　WORD　；AREAW 与 AREAB 指向相同的数据区
AREAB DB　100 DUP（？）　；AREAW 类型为字，AREAB 类型为字节
…
MOV AX，2011H
MOV AREAW，AX　；AREAW 内容为 2011H
…
MOV BL，AREAB　；BL = 11H

6.2.3　段定义伪指令

段定义伪指令用于汇编语言程序中段的定义，相关指令有 SEGMENT、ENDS、ASSUME。

（1）SEGMENT、ENDS

SEGMENT 和 ENDS 用于定义一个逻辑段。调用格式如下。

段名 SEGMENT［定位类型］［组合类型］［类别名］
…
段名 ENDS

SEGMENT 和 ENDS 必须成对使用，它们前面的段名必须是相同的。SEGMENT 后面方括号中的内容为可选项，告诉汇编程序和连接程序如何确定段的边界、如何连接几个程序模块。

1）定位类型。定位类型说明段的起始地址应有怎样的边界值，有以下四种。

① BYTE：表示本段可以从任何地址开始，这种类型段间不留空隙，存储器利用率高。

② WORD：表示本段的起始地址必须为偶地址。

③ PARA：表示本段从节边界开始，8086 CPU 规定每 16 字节为一节，所以定位类型为 PARA 的段，其起始地址必须为 16 的倍数。这种类型简单，但是段间往往有空隙。定位类型的默认值为 PARA。

④ PAGE：表示本段从页边界开始。8086 CPU 规定每 256 字节为一页，所以定位类型为 PAGE 的段，其起始地址必须为 256 的倍数。

2）组合类型。组合类型说明连接不同模块中的同名段时采用的方式，有以下 5 种。

① PUBLIC：本段与其他模块中说明为 PUBLIC 的同名同类别的段连接起来，共用一个段地址，形成一个新的逻辑段，所以偏移量调整为相对于新逻辑段起始地址的值。

② STACK：本段与其他模块中说明为 STACK 的同名的堆栈段连接起来，共用一个段地址，形成一个新的逻辑段。同时，系统自动初始化 SS 及 SP。

③ COMMON：同名段从同一个内存地址开始装入，所以各个逻辑段将发生覆盖，连接以后该段长度取决于同名段中最长的那个，而内容有效的是最后装入的那个。

④ MEMORY：与 PUBLIC 同义，只不过 MEMORY 定义的段装在所有同名段的最后。若连接时出现多个 MEMORY，则最先遇到的段按组合类型 MEMORY 处理，其他段按组合类型 PUBLIC 处理。

⑤ PRIVATE：不组合，该段与其他段不存在逻辑上的关系，即使同名，各段拥有各自

的段基址，组合类型的默认值为 PRIVATE。

3）类别名。类别名必须用单引号括起来。类别名的作用是在连接时决定各逻辑段的装入顺序。当几个程序模块进行连接时，其中具有相同类别名的段按出现的先后顺序被装入连续的内存区，没有类别名的段，与其他无类别名的段一起连续装入内存。典型的类型名有 STACK、CODE、DATA。

（2）ASSUME

ASSUME 的功能用于明确段与段寄存器的关系。ASSUME 语句的调用格式如下。

ASSUME 段寄存器名：段名［，段寄存器名：段名…］

段寄存器名可以是 CS、DS、ES、SS。段名为已定义的段。凡是程序中使用的段，都应说明它与段寄存器之间的对应关系。本伪指令只是指示各逻辑段使用段寄存器的情况，并没有对段寄存器的内容进行赋值。DS、ES 的值必须在程序段中用指令语句进行赋值，而 CS、SS 由系统负责设置，也可在程序中对 SS 进行赋值，但不允许对 CS 赋值。

在汇编语言源程序中，ASSUME 伪指令要放在可执行程序开始位置的前面。

【例 6-16】 ASSUME 伪指令应用举例。

```
CODE SEGMENT
    ASSUME CS：CODE，DS：DATA，ES：EDATA，SS：STACK
    MOV AX，DATA
    MOV DS，AX
    MOV AX，EDATA
    MOV ES，AX
    MOV AX，STACK
    MOV SS，AX
    …
CODE ENDS
```

在这段程序中，ASSUME 用于说明程序使用的段与段寄存器之间的关系。并且在程序中分别对 DS、ES 和 SS 赋值，不能对 CS 赋值。

【例 6-17】 请写出下列程序：F865H+360CH=？

首先，分析一下题目。这个题目其实是写两数求和的程序，因此在代码段要实现的功能是求两数之和，并将结果保存下来。至于算式中的加数和被加数，可以在数据段中定义两个变量，并分别将两个加数作为变量的初值。有了上面的思路就可以开始搭建程序的框架：1）声明除代码段以外的其他段；2）声明代码段，并用 ASSUME 伪指令将其他段的段名与段基址相对应；3）在代码段的开头，为段基址赋值；4）取变量，并计算两个变量的和；5）将结果保存在一个变量中；6）程序结束。

```
DSEG SEGMENT              ；定义数据段
    DATA1 DW 0F865H       ；定义被加数
    DATA2 DW 360CH        ；定义加数
```

```
        DSEG ENDS                          ;数据段结束
        ESEG SEGMENT                       ;定义附加段
            SUM DW 2 DUP（?）              ;定义存放结果区
        ESEG ENDS                          ;附加段结束
        CSEG SEGMENT                       ;定义代码段
            ASSUME CS：CSEG, DS：DSEG, ES：ESEG
START： MOV AX, DSEG
        MOV DS, AX                         ;初始化 DS
        MOV AX, ESEG
        MOV ES, AX                         ;初始化 ES
        LEA SI, SUM                        ;偏移地址送 SI
        MOV AX, DATA1                      ;取被加数
        ADD AX, DATA2                      ;两数相加
        MOV ES：[SI], AX                   ;保存结果
        HLT
        CSEG ENDS                          ;代码段结束
        END START                          ;源程序结束
```

6.2.4 过程定义伪指令

过程定义伪指令用于定义过程。指令格式如下。

过程名　PROC　[类型]

…

RET

过程名 ENDP

过程名按汇编语言命名规则设定，汇编及链接后，该名称表示过程程序的入口地址，供调用使用。PROC 与 ENDP 必须成对使用，PROC 开始一个过程，ENDP 结束一个过程。成对的 PROC 与 ENDP 前面必须有相同的过程名。

类型取值为 NEAR（为默认值）或 FAR，表示该过程是段内调用或段间调用。一个过程中至少有一条过程返回指令 RET，一般放在 ENDP 之前。

6.2.5 结束伪指令

结束伪指令表示汇编语言程序的结束。指令格式如下。

END [标号]

标号只是程序开始执行的起始地址。如果多个程序模块相连接，则只有主程序模块要使用标号，其他子模块则只用 END 而不必指定标号。

6.2.6 定位伪指令

定位伪指令的功能是指定其后的程序段或数据块所存放的起始地址的偏移量。指令格式如下：

ORG 表达式

其中，表达式取值范围为 0～65535 内的无符号数。

【例 6-18】 ORG 伪指令应用举例。

MY_DATA SEGMENT
　　ORG 0100H
MYDATA DW 1，2，$+4
MY_DATA ENDS

这段定义说明，从 DS：0100H 开始为变量 MY_DATA 分配存储空间。存储示意图如图 6-3 所示。符号"$"代表当前地址，第 3 个数据 $+4=104H+4=108H。如果没有 ORG 伪指令，则一般从 DS：0 开始为变量分配存储空间。

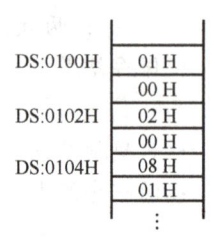

DS:0100H	01 H
	00 H
DS:0102H	02 H
	00 H
DS:0104H	08 H
	01 H
	⋮

图 6-3 【例 6-18】中变量存储示意图

6.3　系统功能调用

6.3.1　DOS 功能调用

MS-DOS 称为磁盘操作系统，它不仅提供了许多命令，还给用户提供了 80 多个常用子程序。DOS 功能调用就是对这些子程序的调用，也称为系统功能调用。子程序的顺序编号称为功能调用号。

DOS 功能调用的过程：根据需要的功能调用设置入口参数，把功能调用号送 AH 寄存器，执行软中断指令 INT 21H 后，可以根据有关功能调用的说明取得出口参数。DOS 功能调用号无须死记硬背，必要时可查阅有关资料。

（1）单个字符输入

功能是接收从键盘输入的一个字符并在屏幕回显。功能调用号 AH=01H。从键盘中输入字符的 ASCII 码存入 AL 寄存器中。

【例 6-19】 输入单个字符功能调用举例。

MOV AH，01H
INT 21H

当用户按下 Ctrl+C 或 Ctrl+Break，则结束程序。

（2）字符串输入

功能是接收从键盘输入的一个字符串。功能调用号 AH=0AH。

入口参数：存放字符串的接收缓冲区首地址和最大字符个数。寄存器 DS 和 DX 存放接收缓冲区首地址，分别存放其段地址和偏移地址；缓冲区第一字节存放接收字符串的最大字符个数。

出口参数：输入的字符串及实际输入的字符个数。缓冲区第二字节存放实际输入的字符个数（不包括回车符）；第三字节开始存放接收的字符串。

字符串以回车符结束，回车符是接收到的字符串的最后一个字符。如果输入的字符数超过设定的最大字符个数，则随后的输入字符被丢失并响铃，直到遇到回车符为止。如果在输入时按组合键 Ctrl+C 或 Ctrl+Break，则结束程序。

【例6-20】字符串输入功能举例。

DATA SEGMENT
  BUF DB 100
  DB ?
  DB 100 DUP（?）
  …
DATA ENDS
CODE SEGMENT
  …
  MOV DX，OFFSET BUF
  MOV AH，0AH
  INT 21H
  …
CODE ENDS

这段程序中，BUF 是用来存放字符串的缓冲区。第一个字节 100 说明它允许输入的字符串长度不超过 100B。实际用户输入的字符串的长度会被保存在 BUF+1 这个存储空间中，而实际用户输入的字符串会被保存在 BUF+2 开始的 100B 的存储空间中。

（3）单字符输出

单字符输出的功能是在屏幕上显示一个字符。功能调用号是 AH=02H。在调用该功能前，需将要显示字符的 ASCII 码传送到 DL 中。

【例6-21】单字符输出功能举例。

  MOV DL，'2'
  MOV AH，2
  INT 21H

这段程序执行后，屏幕上会显示字符 2。

（4）字符串输出

字符串输出的功能是在屏幕上显示一个字符串。功能调用号 AH=09H。

入口参数：被输出字符串的首地址，接收入口参数的是寄存器 DS 和 DX，分别存入被输出字符串首地址的段基址和偏移量。采用 9 号功能输出字符串，要求字符串以 "$" 结束。该字符作为字符串的结束符，不输出。

【例 6-22】 字符串输出功能举例。

DATA SEGMENT
  STRING DB 'Where there is a will，there is a way$'；定义字符串
  …
DATA ENDS
CODE SEGMENT
  …
MOV DX，OFFSET STRING
MOV AH，9
INT 21H
  …
CODE ENDS

这段程序执行后，能在屏幕上输出 STRING 中保存的字符串信息。

（5）进程终止

进制终止的功能是结束当前程序，返回 DOS。功能调用号 AH=4CH。

【例 6-23】 进程终止功能举例。

MOV AH，4CH 或 MOV AX，4C00H
INT 21H

6.3.2 BIOS 功能调用

BIOS 常驻 ROM，独立于 DOS，可与任何操作系统一起工作。它的主要功能是驱动系统所配置的外设，如磁盘驱动器、显示器、打印机及异步通信接口等。通过 INT 10H 至 INT 1AH 向用户提供服务程序的入口，使用户无须对硬件有深入了解，就可完成对外设的控制与操作。BIOS 的中断调用与 DOS 功能调用类似。

键盘 I/O 程序以 16H 号中断处理程序的形式存在，它提供若干功能，每个功能有一个编号。在调用键盘 I/O 程序时，把功能编号送入 AH 寄存器，然后发出中断指令 INT 16H。调用返回后，从有关寄存器中取得出口参数。

【例 6-24】 BIOS 功能举例。

MOV AH，0
INT 16H

这段程序利用 BIOS 中断服务，实现从键盘读一个字符的功能。当用户从键盘输入一个字符时，该字符的 ASCII 码被保存在 AL 中。

关于 DOS 和 BIOS 功能调用的更多用法请参见相关资料。

6.4 8086汇编语言程序设计

8086汇编语言程序采用模块化结构，通常由一个主程序模块和多个子程序（过程）模块构成。对于简单程序，只有主程序模块，没有子程序模块。汇编语言程序有3种基本结构：顺序结构、分支结构和循环结构。

6.4.1 程序质量评价标准

评价程序质量的好坏通常有以下几个标准。
① 程序正确、完整。
② 程序易读性强。
③ 程序的执行速度快。
④ 程序占用内存少，程序代码的行数少。

6.4.2 汇编语言程序设计的基本步骤

从具体问题到编程解决问题，需要经过如下几个步骤。
① 分析问题，抽象出描述问题的数学模型。
② 确定解决问题的算法或算法思想。
③ 程序模块划分——在解决复杂实际问题时，往往需要把它分成若干功能模块，在进行功能模块划分后，必须确定各功能模块间的通信问题。
④ 绘制各功能模块流程图或结构图。
⑤ 分配存储空间、寄存器等工作单元。
⑥ 根据流程图编写程序。
⑦ 静态检查，纠正错误。
⑧ 上机运行调试，纠正错误，直至测试通过。
⑨ 整理资料，建立完整的文档。

6.4.3 顺序结构程序设计

顺序结构程序又称为简单程序。采用这种结构的程序，按照指令书写的顺序逐条执行，程序的执行路径没有分支和循环。

【例6-25】请按要求编写程序：将内存数据段字节单元INDAT存放的一个数 n（假设 $0 \leq n \leq 9$），以十进制形式在屏幕上显示出来。例如，若INDAT单元存放的数是8，则在屏幕上显示：8D。

先分析题目，是将十进制的数在屏幕上显示。前文提到，要显示单字符可以使用DOS功能码2，在显示之前，要将要显示字符的ASCII码传送给DL。基于上述分析，可以画出如图6-4所示的流程图。

根据程序流程图写出程序如下：

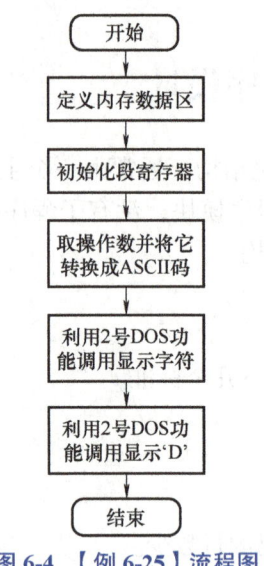

图 6-4 【例 6-25】流程图

```
DATA SEGMENT                        ;数据段定义
    INDAT   DB   8
DATA ENDS
CODE SEGMENT                        ;代码段定义
    ASSUME CS：CODE，DS：DATA
START：MOV AX，DATA
    MOV DS，AX                      ;初始化 DS
    MOV DL，INDAT
    OR DL，30H                      ;将十进制转换成 ASCII 码
    MOV AH，2
    INT 21H                         ;显示十进制数
    MOV DL，'D'
    MOV AH，2                       ;显示字符 'D'
    INT 21H
    MOV AH，4CH
    INT 21H
CODE ENDS
    END START
```

6.4.4 分支结构程序设计

分支结构程序利用条件转移指令，使程序执行完某条指令后，根据状态标志位的情况选择要执行哪个程序段。分支结构程序的指令执行顺序与指令的存储顺序不一致。

转移指令 JMP 和 Jcc 可以实现分支结构。分支结构有单分支、双分支和多分支 3 种形式，如图 6-5 所示。

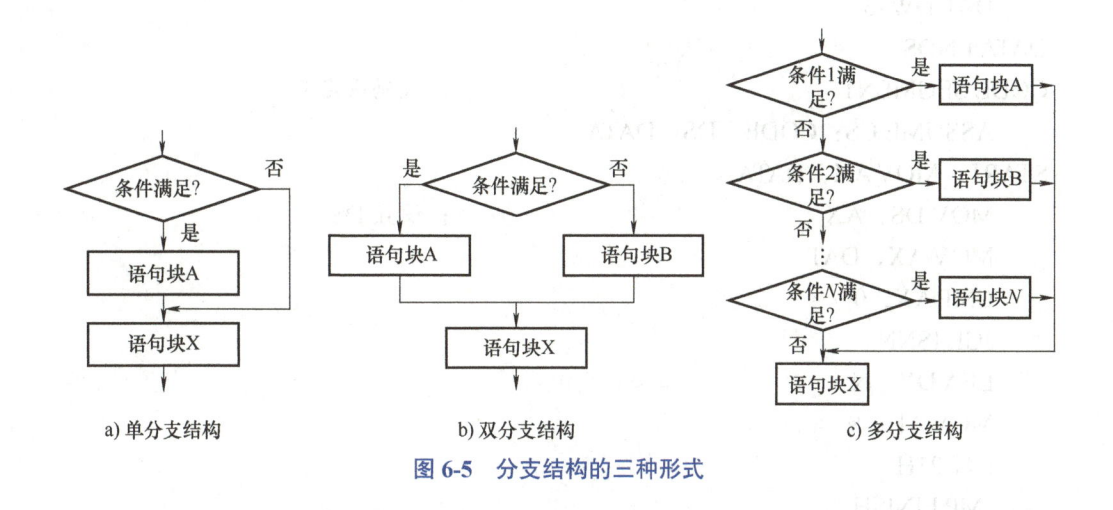

图 6-5 分支结构的三种形式
a) 单分支结构　　b) 双分支结构　　c) 多分支结构

【例 6-26】 请按要求编写程序：求 AX 中存放的有符号数的绝对值，结果存放在 RES 单元。

首先分析一下题目。这段程序可以用单分支结构实现，即判断 AX 是否大于等于 0，如果是，就将 AX 传送到 RES 中；否则将 AX 取相反数后，再将 AX 传送到 RES 中。画出流程图如图 6-6 所示。

根据流程图写出程序如下：
…
```
    CMP AX, 0
    JGE ISPOSITIVE
    NEG AX
ISPOSITIVE: MOV RES, AX
```
…

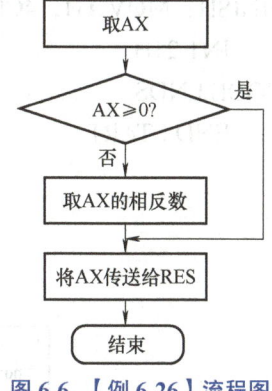

图 6-6 【例 6-26】流程图

【例 6-27】 请按要求编写程序：判断 DAT 单元存放的数是负数还是非负数，如果是负数，则显示 "DAT is a negative number！"；如果是非负数，则显示 "DAT is a nonnegative number！"。

首先分析一下题目。这段程序可以用双分支结构实现，即判断 DAT 是否大于等于 0，如果是，走一条分支，显示 "DAT is a nonnegative number！"；否则，走另一条分支，显示 "DAT is a negative number！"。显示字符串可以使用 DOS 功能调用的 9 号功能。要确保字符串的最后一个字符是 '$'。画出流程图如图 6-7 所示。

根据流程图写出程序如下：
```
DATA SEGMENT                              ;数据段定义
    N DB 'DAT is a negative number！', '$'
```

```
        NN DB 'DAT is a nonnegative number！'，'$'
        DAT DW -3
DATA ENDS
CODE SEGMENT                              ；代码段定义
        ASSUME CS：CODE，DS：DATA
START：MOV AX，DATA
        MOV DS，AX                        ；设置 DS
        MOV AX，DAT
        CMP AX，0
        JGE ISNN
        LEA DX，N
        MOV AH，9
        INT 21H
        JMP FINISH
ISNN：LEA DX，NN
        MOV AH，9
        INT 21H
FINISH：MOV AH，4CH
        INT 21H
CODE ENDS
        END START
```

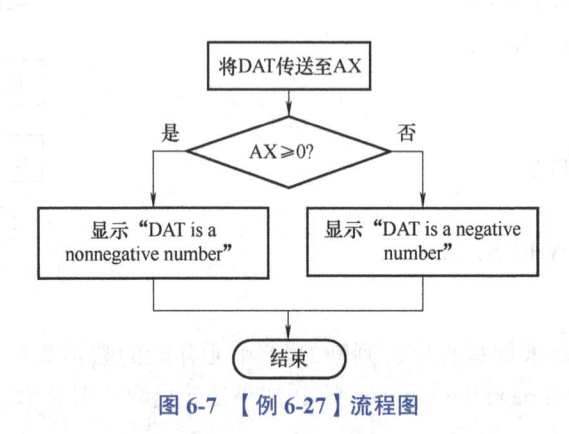

图 6-7 【例 6-27】流程图

【**例 6-28**】 请按要求编写程序：已知变量 X 为 16 位有符号数，分段函数定义如下。请判断 X 的值，并将分段函数的值保存在字单元 Y 中。

$$Y \begin{cases} 1 & \text{若 } X>0 \\ 0 & \text{若 } X=0 \\ -1 & \text{若 } X<0 \end{cases}$$

首先分析一下题目。这段程序可以用多分支结构实现，即判断 X 是否大于 0，如果是，跳转并将 Y 置 1，程序结束；否则，判断 X 是否等于 0，如果是，跳转并将 Y 置 0，程序结束；否则，说明 X 是负数，将 Y 置 –1，程序结束。画出流程图如图 6-8 所示。

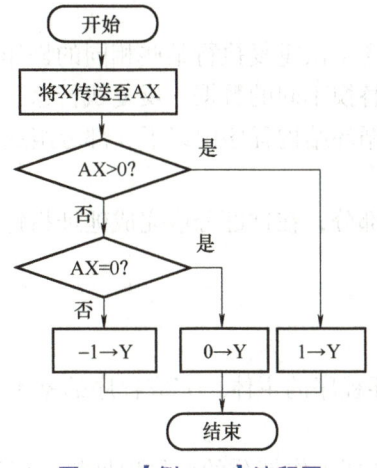

图 6-8 【例 6-28】流程图

根据流程图，写出程序如下：
```
DATA SEGMENT
    X   DW -128
    Y   DW ?
DATA ENDS
CODE SEGMENT
    ASSUME CS：CODE，DS：DATA
START： MOV AX，DATA
    MOV DS，AX
    MOV AX，X
    CMP AX，0
    JG ISPN
    JZ ISZN
    MOV Y，–1
    JMP FINISH
ISPN：   MOV Y，1
    JMP FINISH
ISZN：   MOV Y，0
FINISH：   MOV AH，4CH
    INT 21H
  CODE ENDS
    END START
```
本例实现的是多分支结构。设计多分支结构程序时，注意要为每个分支安排出口；各分支的公共部分尽量集中在一起，以减少程序代码；无条件转移没有范围的限制，但条件转移指令只能在 –128～+127 字节范围内转移；调试程序时，要给 X 设置不同的值，调试每一条分支。

6.4.5 循环结构程序设计

当程序处理的问题需要包含多次重复执行某些相同的操作时,在程序中可使用循环结构来实现,即用同一组指令每次替换不同的数据,反复执行这一组指令。使用循环结构可以缩短程序代码,提高编程效率。循环结构程序由以下 3 部分组成。

(1) 初始化部分

初始化部分是循环的准备部分,在这部分应完成地址指针、循环计数、结束条件等初值的设置。

(2) 循环体

循环体包括以下 3 部分。

1) 循环工作部分:是循环程序的主体。完成程序的基本操作,循环多少次,这部分语句就执行多少次。

2) 循环修改部分:修改循环工作部分的变量地址等,保证每次循环参加执行的数据能发生有规律的变化。

3) 循环控制部分:控制循环执行的次数,检测和修改循环控制计数器,控制循环的运行和结束。

(3) 循环结束部分

循环结束部分主要完成循环结束后的处理,如数据分析、结果的存放等。

典型的循环结构流程图如图 6-9 所示。

a) do…until 型循环结构　　b) while 型循环结构

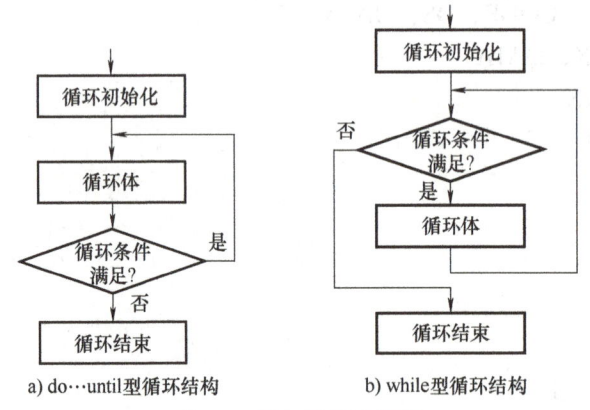

图 6-9　循环结构流程图

设计循环结构程序时,要注意以下问题:

① 选用计数循环还是条件循环?即采用"do…until"型循环结构还是采用"while"型循环结构?

② 可以用循环次数、计数器、标志位、变量值等多种方式作为循环的控制条件,进行选择时,要综合考虑循环执行的条件和循环退出的条件。

③ 不要把初始化部分放到循环体中,循环体中要有能改变循环条件的语句。

【例 6-29】 请按要求编写程序:显示以"!"结尾的字符串,如"Welcome to MASM!"。

首先分析一下题目。由于只知道字符串以"！"结尾，并不知道字符串的长度，因此可以用 while 型循环结构实现，即当字符不是"！"时，就显示该字符，并且取下一个字符；否则，就显示该字符，程序结束。画出流程图如图 6-10 所示。

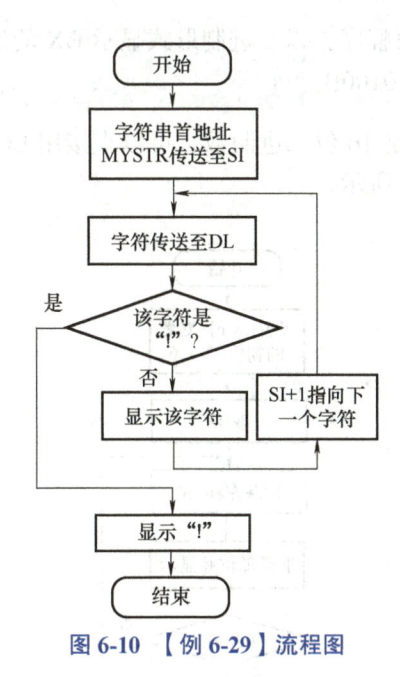

图 6-10 【例 6-29】流程图

根据流程图，写出程序如下：

```
DATA SEGMENT
    MYSTR DB 'Welcome to MASM！'
DATA ENDS
CODE SEGMENT
    ASSUME CS：CODE，DS：DATA
START：MOV AX，DATA
    MOV DS，AX
    LEA SI，MYSTR
NEXTCHAR：MOV DL，[SI]
    CMP DL，'！'
    JZ   FINISH
    MOV AH，2
    INT 21H
    INC SI
    JMP NEXTCHAR
FINISH：MOV AH，2
    INT 21H
    MOV AH，4CH
```

```
        INT 21H
CODE ENDS
    END START
```

> 【例 6-30】 请按要求编写程序：以二进制形式显示 BX 的值（假设为无符号数）。例如，BX=20，则显示 0000000000010100B。

首先分析一下题目。BX 是 16 位二进制数，可以直接用 LOOP 指令循环 16 次，每次显示一位，画出流程图如图 6-11 所示。

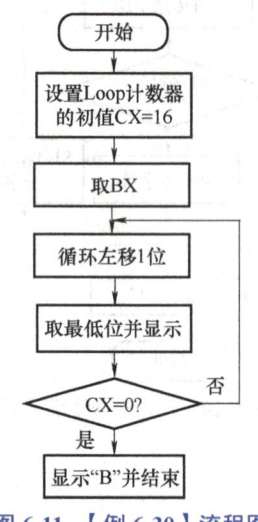

图 6-11 【例 6-30】流程图

根据流程图，写出程序如下：
```
CODE SEGMENT
    ASSUME CS：CODE
START：MOV BX, 20
    MOV CX, 16              ；LOOP 指令隐含使用 CX 作为计数器，置初值 16
NEXTCHAR：ROL BX, 1          ；显示顺序是从左往右，所以按此顺序依次取各位
    MOV DL, BL              ；要显示的值仅占用最低位 D0，所以只取 BL 的值
    AND DL, 1
    OR DL, 30H              ；将 DL 的值转换为对应数字的 ASCII 码
    MOV AH, 2
    INT 21H                 ；显示一位数字
    LOOP NEXTCHAR           ；在 CX 的控制下执行 16 次
FINISH：MOV DL, 'B'
    MOV AH, 2
    INT 21H                 ；显示 "B"
    MOV AH, 4CH             ；结束本程序，返回操作系统
```

```
    INT 21H
CODE ENDS
    END START
```

6.4.6 子程序设计

在许多应用程序中常常需要多次用到一段程序。这时，为了避免重复编写程序，节省内存空间，可以把该程序段独立出来，以供其他程序调用。这段程序称为"子程序"或"过程"。子程序是可供其他程序调用的具体特定功能的程序段。调用子程序的程序体称为"主程序"或"调用程序"。使用子程序进行程序设计应注意以下几点。

（1）现场保护和现场恢复

所谓现场保护，是指子程序运行时，对可能破坏的主程序用到的寄存器、堆栈、标志位、内存数据值进行的保护。所谓现场恢复，是指由子程序结束运行返回主程序时，对被保护的寄存器、堆栈、标志位、内存数据值的恢复。常利用堆栈和空闲的存储区实现现场保护和现场恢复。

（2）子程序嵌套

一个程序可以调用某个子程序，该子程序可以调用其他子程序，这就形成了子程序嵌套。子程序嵌套调用的层次不受限制，其嵌套层数称为"嵌套深度"。由于子程序中使用堆栈来保护断点，堆栈操作的"后进先出"特性能自动保证各层子程序断点的正确入栈和返回。在嵌套子程序设计中，应注意寄存器的保护和恢复，避免各层子程序之间的寄存器发生冲突。特别是在子程序中使用 PUSH、POP 指令时，要格外小心，以免造成子程序无法正确返回。

（3）参数传递

主程序在调用子程序时，经常需要向子程序传递一些参数或控制信息，子程序执行完成后，也常常需要把运行的结果返回给调用程序，这种调用程序和子程序之间的信息传递，称为参数传递。参数传递的主要方法有寄存器传递、内存变量传递和堆栈传递。传递的内容如果是数据本身，则称为值传递；如果是数据所在单元的地址，则称为地址传递。

（4）编写子程序调用方法说明

为了方便使用子程序，应编写子程序调用方法说明。子程序调用方法说明包括子程序功能、入口参数、出口参数、使用的寄存器或存储器及调用实例。

【例 6-31】 请按要求编写程序：利用寄存器传递参数，实现以二进制形式显示 BX 的值（假设为无符号数）。

这道例题要实现的功能跟【例 6-30】一样。由于显示功能在程序中经常要用到，所以，可以将这段程序封装成子程序，供其他程序调用。子程序的定义如下：

```
; --------------------------------------------------------------
; 子程序名：DISP_BINARY
; 功能：以二进制形式显示 BX 的值（假设为无符号数）
; 入口参数：BX
; 出口参数：无
```

```
;---------------------------------------------------------------
DISP_BINARY   PROC
    PUSH CX
    PUSH DX
    PUSH AX
    PUSHF                      ;保护现场
    MOV CX,16
NEXTCHAR: ROL BX,1
    MOV DL,BL
    AND DL,1
    OR DL,30H
    MOV AH,2
    INT 21H
    LOOP NEXTCHAR
FINISH: MOV DL,'B'
    MOV AH,2
    INT 21H
    POPF                       ;恢复现场
    POP AX
    POP DX
    POP CX
    RET
DISP_BINARY   ENDP
```

这道例题利用寄存器 BX 传递参数。需要注意的是，作为出口参数的寄存器是不能被保护的，否则就失去了传递参数的作用；作为入口参数的寄存器可以保护也可以不保护。由于寄存器的数量有限，这种方法只适用于少量数据的传递。当有大量数据要传递时，需要用到指定单元或堆栈的方法传递参数。

【例 6-32】 请按要求编写程序：利用指定存储单元进行参数传递，实现数据块的复制。

```
SSEG SEGMENT
    DW   64 DUP（？）
    TOS   LABEL   WORD
SSEG ENDS
DATA SEGMENT
    BUF1 DB   1,2,3,4,5,6,7,8,9,100
    BUF2 DB 10 DUP（？）
    SRCADDR   DW   ?
    DSTADDR   DW   ?
    LEN   DW   ?
```

```
    DATA ENDS
    CODE SEGMENT
        ASSUME CS：CODE，DS：DATA，SS：SSEG，ES：DATA
START：MOV AX，DATA
       MOV DS，AX
       MOV ES，AX
       MOV AX，SSEG
       MOV SS，AX
       MOV SP，OFFSET TOS
       LEA AX，BUF1
       MOV SRCADDR，AX
       LEA AX，BUF2
       MOV DSTADDR，AX
       MOV LEN，10
       CALL MOVEMYDAT
       MOV AH，4CH
       INT 21H
;---------------------------------------------------------------------
;子程序名：MOVEMYDAT
;功能：数据块复制
;入口参数：源数据区首地址存 SRCADDR
;入口参数：目的数据区首地址存 DSTADDR，数据块长度存 LEN
;出口参数：无
;---------------------------------------------------------------------
MOVEMYDAT   PROC
            MOV SI，SRCADDR
            MOV DI，SRCADDR
            MOV CX，LEN
            STD
            ADD SI，CX
            DEC SI
            ADD DI，CX
            DEC DI
BEGINMOV：REP MOVSB
            RET
MOVEMYDAT   ENDP
    CODE   ENDS
       END   START
```

这道例题利用指定存储单元进行参数传递，这种方法实现的子程序通用性较差。

【例 6-33】 请按要求编写程序：利用堆栈进行参数传递，并且利用子程序求两个含有 10 个元素的无符号字节数组 AD1 和 AD2 对应元素之和，计算结果存入 SUM 字节数组（不考虑运算结果溢出的情况）。

```
SSEG SEGMENT STACK 'STACK'
    DW 64 DUP（?）
    TOS LABEL WORD
SSEG ENDS
DATA SEGMENT
    AD1 DB 1, 2, 3, 4, 5, 6, 7, 8, 9, 100
    AD2 DB 2, 3, 4, 5, 6, 7, 8, 9, 10, 20
    SUM DB 10 DUP（?）
    LEN EQU  10
DATA ENDS
CODE SEGMENT
    ASSUME CS: CODE, DS: DATA, SS: SSEG, ES: DATA
START: MOV AX, DATA
    MOV DS, AX
    MOV ES, AX
    MOV AX, SSEG
    MOV SS, AX
    MOV SP, OFFSET TOS
    MOV CX, LEN
    LEA SI, AD1
    LEA DI, AD2
    LEA BX, SUM
NEXT: PUSH [SI]
    PUSH [DI]
    CALL ADD_B
    MOV [BX], AX
    INC SI
    INC DI
    INC BX
    LOOP NEXT
    MOV AH, 4CH
    INT 21H
; ----------------------------------------
; 子程序名：ADD_B
; 功能：求字节和
```

```
; 入口参数：堆栈
; 出口参数：无
; ----------------------------------------------------------------
ADD_B   PROC
    MOV BP, SP
    MOV AX, [BP+2]
    ADD AX, [BP+4]
    RET
ADD_B   ENDP
CODE   ENDS
    END   START
```

本例用堆栈传递参数。在主程序中，每次调用子程序前向堆栈压入两个参数供子程序计算用。

6.4.7 汇编语言程序设计举例

下面通过几个汇编语言程序实例，阐述汇编语言程序设计的基本方法和技巧。

【例 6-34】 编程计算（W-（X＊Y+Z-200））÷25，其中 X、Y、Z 和 W 都是 16 位有符号数，计算结果的商存入 AX，余数存入 DX。

```
SSEG   SEGMENT   STACK   'STACK'
    DW 64 DUP（?）
    TOS   LABEL   WORD
SSEG   ENDS
DATA   SEGMENT
    X   DW 6
    Y   DW -7
    Z   DW -280
    W   DW   2011
DATA   ENDS
CODE SEGMENT
    ASSUME CS：CODE, DS：DATA, SS：SSEG, ES：DATA
START：MOV AX, DATA
    MOV DS, AX
    MOV ES, AX
    MOV AX, SSEG
    MOV SS, AX
    MOV SP, OFFSET TOS
    MOV AX, X
    IMUL Y
```

```
        MOV CX, AX
        MOV BX, DX              ;(BX, CX)←X*Y
        MOV AX, Z
        CWD                     ;(DX, AX)←把Z扩展为双字类型
        ADD CX, AX
        ADC BX, DX              ;(BX, CX)←X*Y+Z
        SUB CX, 200
        SBB BX, 0               ;(BX, CX)←X*Y+Z-200
        MOV AX, W
        CWD                     ;(DX, AX)←把W扩展为双字类型
        SUB AX, CX
        SBB DX, BX
        MOV BX, 25
        IDIV BX
        MOV AH, 4CH
        INT 21H
    CODE  ENDS
        END  START
```

【例 6-35】 将内存数据段 INSTR 地址开始存放的一个由字母组成的字符串中的小写字母全部转换成大写字母（其余字符不变）后，存至内存数据段 OUTSTR 地址处。如原字符串是"hello ASM！20220607"，那么转换完后应该是"HELLO ASM！20220607"。

```
    DATA SEGMENT
        INSTR   DB   'hello ASM！20220607'
        STRLEN  EQU  $-INSTR
        OUTSTR  DB   STRLEN DUP(?)
    DATA ENDS
    CODE SEGMENT
        ASSUME CS: CODE, DS: DATA
    START: MOV AX, DATA
        MOV DS, AX
        LEA SI, INSTR
        LEA DI, OUTSTR
        MOV CX, STRLEN
NEXTCHAR: MOV AL, [SI]
        CMP AL, 'a'
        JB  UNCHG               ;不是小写字母，则不转换
        CMP AL, 'z'
        JA  UNCHG               ;不是小写字母，则不转换
```

```
        SUB   AL, 20H              ;将小写字母转换为大写字母
    UNCHG: MOV [DI], AL
        INC SI
        INC DI
        LOOP NEXTCHAR
        MOV AH, 4CH
        INT 21H
CODE ENDS
        END    START
```

【例6-36】 编程以十六进制形式显示 BX 的值（假设为无符号数）。如果 BX=20，那么显示 0014H。

```
    CODE SEGMENT
        ASSUME CS: CODE, DS: CODE
    START: MOV AX, CODE
        MOV DS, AX
        MOV BX, 20
        MOV CH, 4
    NEXT: MOV CL, 4
        ROL BX, CL
        MOV DL, BL
        AND DL, 0FH
        OR  DL, 30H
        CMP DL, 39H
        JBE  DISPHEX
        ADD DL, 7
    DISPHEX: MOV AH, 2
        INT 21H
        DEC CH
        JNZ NEXT
        MOV DL, 'H'
        MOV AH, 2
        INT 21H
        MOV AH, 4CH
        INT 21H
    CODE   ENDS
        END   START
```

【例6-37】 编程以十进制形式显示 BX 的值（假设为无符号数）。如果 BX=65530，那么显示 65530D。

这道题可以分两步实现。

1) 转换并保存结果。这一步将二进制数转换为十进制值，即求出十进制值各位上的数字。由于 16 位二进制最大能表示的数是 65535，所以，转换后最多是一个五位的十进制数。转换的步骤：把要转换的数依次除以 10000、1000、100 和 10，分别可以得到万位数字、千位数字、百位数字和十位数字。除以 10 得到的余数就是个位数字。程序中，将得到的这些数字先存入指定的内存单元，供显示模块使用。

2) 显示。将各位上的数字转换成 ASCII 码再显示。

```
DATA SEGMENT
    digits DB 5 DUP (0);          ; 用于存储十进制数字（万位、千位、百位、十位、个位）
    msg DB 'D$';                  ; 用于显示后缀 'D'
DATA ENDS
CODE SEGMENT
  ASSUME CS：CODE, DS：DATA
START：MOV AX, DATA
    MOV DS, AX
    MOV BX, 65530                 ; 假设 BX 的值为 65530
    LEA DI, digits                ; DI 指向 digits 数组
    MOV AX, BX                    ; 将 BX 的值移动到 AX
    MOV CX, 10000                 ; 除数：10000（用于提取万位）
    CALL EXTRACT_DIGIT            ; 提取万位数字
    MOV CX, 1000                  ; 除数：1000（用于提取千位）
    CALL EXTRACT_DIGIT            ; 提取千位数字
    MOV CX, 100                   ; 除数：100（用于提取百位）
    CALL EXTRACT_DIGIT            ; 提取百位数字
    MOV CX, 10                    ; 除数：10（用于提取十位）
    CALL EXTRACT_DIGIT            ; 提取十位数字
    MOV [DI], DL                  ; 最后剩下的就是个位数字
    CALL DISPLAY_RESULT
; 子程序：提取当前位的数字
EXTRACT_DIGIT PROC
    XOR DX, DX                    ; 清零 DX
    DIV CX                        ; AX/CX，商在 AX，余数在 DX
    MOV [DI], AL                  ; 将商（当前位的数字）保存到 digits 数组
    INC DI                        ; DI 指向下一个位置
    MOV AX, DX                    ; 将余数移动到 AX，继续处理下一位
    RET
EXTRACT_DIGIT ENDP
; 子程序：显示转换后的十进制数字
DISPLAY_RESULT PROC
```

```
        PUSH AX
        PUSH DX
        PUSH SI
        LEA SI，digits              ；SI 指向 digits 数组
        MOV CX，5                   ；循环 5 次（万位、千位、百位、十位、个位）
DISPLAY_LOOP：
        MOV DL，[SI]                ；取出当前位的数字
        ADD DL，'0'                 ；转换为 ASCII 码
        MOV AH，02H                 ；DOS 中断 21H 的功能 02H，显示字符
        INT 21H
        INC SI                      ；SI 指向下一个数字
        LOOP DISPLAY_LOOP           ；循环直到所有数字显示完毕
        LEA DX，msg                 ；显示后缀 'D'
        MOV AH，09H                 ；DOS 中断 21H 的功能 09H，显示字符串
        INT 21H
        POP SI
        POP DX
        POP AX
        RET
DISPLAY_RESULT ENDP
        MOV AH，4CH                 ；程序结束
        INT 21H
        CODE ENDS
        END START
```

【例 6-38】 用冒泡排序法编程，将内存 ARRAY 单元开始存储的一组 8 位有符号数按从小到大排列。

冒泡排序法的基本思想是：采用两两比较的方法。先拿第 N 个数 d_N 与第 N-1 个数 d_{N-1} 比较，若 $d_N>d_{N-1}$，则不变动；反之，则交换。然后拿 d_{N-1} 与 d_{N-2} 相比，按同样的方法决定是否交换，这样一直比较到 d2 与 d1。当第一轮比较完成后，数组中最小值已移到最前面了。但此时数据区内其他数据尚未按大小排好，还要进行第二轮比较。第二轮比较结束后，数据区内第 2 小的数也移到了相应的位置上。这样不断地循环下去，若数组的长度为 N，则最多经过 N-1 轮的比较，就可以使全部数据按由小到大的升序排列整齐。在每轮比较时，两两比较的次数也是不一样的。在第一轮比较时，要比较 N-1 次，到第二轮时，就减为 N-2 次了。依此类推，比较次数逐轮减少。很多情况下，并不需要经过 N-1 次的比较，数据就已经排序完毕了。如果在某一轮的比较过程中，一次数据交换也没有发生，那么就说明数据已经排好序了。这时，可以提前结束程序。针对这种情况，在程序设计时，可以设置一个交换标志，以便记录是否发生数据交换。

本例程序使用到的寄存器功能说明如下：

① BX ← 外循环比较（轮数）计数值；
② SI ← 数据区地址偏移量；
③ CX ← 内循环比较（次数）计数值；
④ DX ← 交换标志。

汇编语言程序如下：

```
DATA   SEGMENT
    ARRAY  DB  12, 87, -51, 68, 0, 15
    LEN  EQU  $-ARRAY
DATA ENDS
CODE   SEGMENT
    ASSUME  CS: CODE, DS: DATA
START: MOV AX, DATA
    MOV DS, AX
    MOV BX, LEN-1           ; BX ← 比较轮数
LOP0: MOV SI, LEN-1         ; SI ← 第 N 个数据在数据区的偏移地址
    MOV CX, BX              ; CX ← 比较次数计数值
    MOV DX, SI              ; DX ← 置交换标志为第 N 个数据的偏移地址
LOP1: MOV AL, ARRAY [SI]
    CMP AL, ARRAY [SI-1]    ; 相邻两数据比较
    JGE NEXT
    MOV AH, ARRAY [SI-1]    ; ARRAY [SI] 与 ARRAY [SI-1] 两数据交换
    MOV ARRAY [SI-1], AL
    MOV ARRAY [SI], AH
    MOV DX, SI              ; DX ← 发生交换处的位置，给交换标志
NEXT: DEC SI                ; 修改数据地址
    LOOP LOP1               ; 控制内循环比较完一轮吗？
    CMP DX, LEN-1           ; 需要下一轮吗？
    JZ FINISH               ; 不需要下一轮，已全部排好序，转程序结束
    DEC BX                  ; 控制外循环所有轮都比较完否？
    JNZ LOP0                ; 未完继续
FINISH: MOV AH, 4CH
    INT 21H
CODE   ENDS
    END START
```

综合分析

回到本单元开始的项目，项目有三个要求，先来看一下学习要求 1) 请写出下列伪指令定义的变量在内存中的情况。

ARV1 DB 3+4，43H，–2
ARV2 DW 474FH，1，?
COUNT EQU 2
ARV3 DB 2 DUP（1，COUNT DUP（2））
ARV4 DD ARV3
ARV5 DB 'AB'
ARV6 DW 'AB'

在存储时，需要注意变量的类型是 Byte、Word 还是 Double Word，同时，要注意变量在存储时是先存低位、再存高位的。按照这样的规则，ARV1 和 ARV2 在内存中的存储情况见表 6-3。ARV3 使用的是 DUP 语句，翻译过来就是将（1，2，2）的组合重复两遍，因此，ARV3 在内存的存在形式见表 6-3。ARV4 里面存的是 ARV3，ARV3 是变量的名称，其实就是变量在内存中存储的地址，包括段基址和偏移地址，其中偏移地址保存在低位，段基址保存在高位。最后是 ARV5 和 ARV6。其中，ARV5 按照字节的方式保存字符串"AB"，因此，在内存中应该是按照顺序先存"A"再存"B"。ARV6 按照字的方式保存字符串"AB"，此时，就要分高位和低位。显然，"A"是高位，"B"是低位。因此，在保存 ARV6 时是先存"B"再存"A"。

表 6-3　伪指令定义的变量在内存中的情况

变量名	存储单元	变量名	存储单元	变量名	存储单元
ARV1 →	3+4	ARV3 →	1		DS 的高位
	43H		2	ARV5 →	'A'
	–2		2		'B'
ARV2 →	4FH		1	ARV6 →	'B'
	47H		2		'A'
	01		2		
	00	ARV4 →	09		
	?		00		
	?		DS 的低位		

我们再来看学习要求 2）在 Masm 软件中新建程序，将学习要求 1）中定义的变量写入此程序的变量区，运行程序，并使用 DEBUG 命令查看内存中的数据，截图在下方空白处。解释一下为什么内存中存储的是这些数据。按照我们对学习要求 1）的分析，在 Masm 中写入这段伪指令后，内存中数据的存储情况应该跟表 6-3 一致。

首先，在 Masm 软件中输入任务要求的伪指令，如图 6-12 所示。保存这段程序，单击"运行"按钮后再单击"调试"按钮，出现如图 6-13 所示的画面。在图 6-13 所示的画面中输入 d0770：0000 即可看到数据段中变量的存在情况。为什么是 0770：0000 呢？首先，变量都是从数据段第一个存储单元开始存的，因此，偏移地址为 0000。又因为程序在执行

MOV DS，AX 后，观察到 AX 的值是 0770，这说明数据段的段基址 DS 的值为 0770。因此，我们用 D 指令，输入 0770：0000 表示要查看数据段从第 1 个单元开始的所有单元的内容，结果如图 6-13 所示。

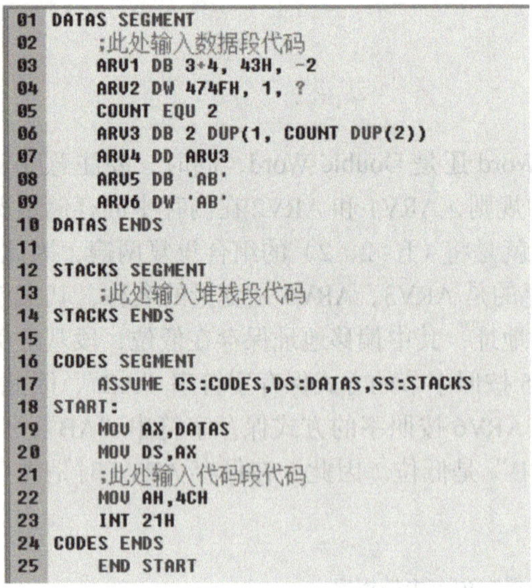

```
01  DATAS SEGMENT
02      ;此处输入数据段代码
03      ARV1 DB 3+4, 43H, -2
04      ARV2 DW 474FH, 1, ?
05      COUNT EQU 2
06      ARV3 DB 2 DUP(1, COUNT DUP(2))
07      ARV4 DD ARV3
08      ARV5 DB 'AB'
09      ARV6 DW 'AB'
10  DATAS ENDS
11
12  STACKS SEGMENT
13      ;此处输入堆栈段代码
14  STACKS ENDS
15
16  CODES SEGMENT
17      ASSUME CS:CODES,DS:DATAS,SS:STACKS
18  START:
19      MOV AX,DATAS
20      MOV DS,AX
21      ;此处输入代码段代码
22      MOV AH,4CH
23      INT 21H
24  CODES ENDS
25      END START
```

图 6-12　在 Masm 中输入伪指令　　　　图 6-13　在 Debug 中使用 D 指令查看内存单元

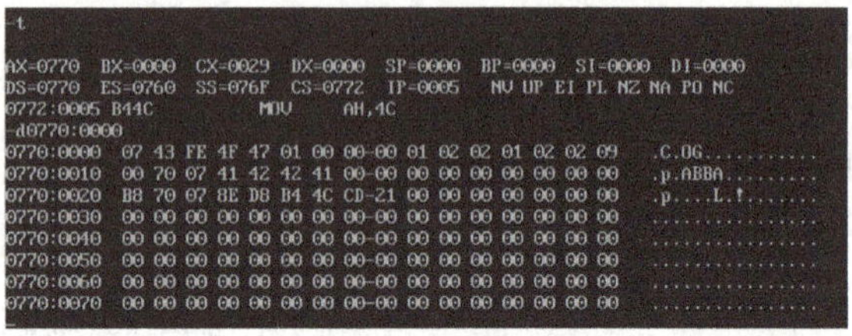

观察图 6-13 可见，变量在内存中的存储形式与表 6-3 所列内容一致。

下面再来看学习要求 3）在程序区写下如下指令。

MOV AL，ARV1

DEC ARV1+2

MOV ARV5，AL

使用 DEBUG 的单步执行命令调试程序，说明每一条指令的作用，并使用 DEBUG 的命令查看内存，验证你的想法。

先不用 Masm，直接运用所学的知识来分析一下。

MOV AL，ARV1 这段指令表示将 ARV1 的字节赋值给 AL。因此，这条指令执行后 AL 的值为 07H。

DEC ARV1+2 这段指令的含义是将 ARV1+2 指示的内存单元的值减 1 再保存回去。ARV1+2 指示的内存单元现在存储的值是 −2，如果减 1，那么这个内存单元的值是 −3。

MOV ARV5，AL 这段指令的含义是将 AL 的值赋给 ARV5，ARV5 现在存储的内容是 'A'，执行后存储的内容为 AL 的值，即 07H。

下面在 Masm 中验证一下前面的分析。首先，在 Masm 中补充好程序的代码，如图 6-14 所示。然后，单击"保存"和"运行"按钮，运行没有问题后，单击"调试"按钮，在弹出的窗口中使用 T 指令逐行执行，直到执行完 MOV ARV5，AL 后，用 D 指令查看一下 0770：0000 这段内存中的值，如图 6-15 所示。

可见，Masm 运行的结果与分析结果一致。

```
DATAS SEGMENT
    ;此处输入数据段代码
    ARV1 DB 3+4, 43H, -2
    ARV2 DW 474FH, 1, ?
    COUNT EQU 2
    ARV3 DB 2 DUP(1, COUNT DUP(2))
    ARV4 DD ARV3
    ARV5 DB 'AB'
    ARV6 DW 'AB'
DATAS ENDS

STACKS SEGMENT
    ;此处输入堆栈段代码
STACKS ENDS

CODES SEGMENT
    ASSUME CS:CODES,DS:DATAS,SS:STACKS
START:
    MOV AX,DATAS
    MOV DS,AX
    ;此处输入代码段代码
    MOV AL, ARV1
    DEC ARV1+2
    MOV ARV5, AL
    MOV AH,4CH
    INT 21H
CODES ENDS
    END START
```

图 6-14 在 Masm 中补充代码

```
-t

AX=0707  BX=0000  CX=0033  DX=0000  SP=0000  BP=0000  SI=0000  DI=0000
DS=0770  ES=0760  SS=076F  CS=0772  IP=000F   NV UP EI NG NZ NA PO NC
0772:000F B44C          MOV     AH,4C
-d0770:0000
0770:0000  07 43 FD 4F 47 01 00 00-00 01 02 02 01 02 02 09   .C.OG...........
0770:0010  00 70 07 07 42 42 41 00-00 00 00 00 00 00 00 00   .p..BBA.........
0770:0020  B8 70 07 8E D8 A0 00 00-FE 0E 02 00 A2 13 00 B4   .p..............
0770:0030  4C CD 21 00 00 00 00 00-00 00 00 00 00 00 00 00   L.!.............
0770:0040  00 00 00 00 00 00 00 00-00 00 00 00 00 00 00 00   ................
0770:0050  00 00 00 00 00 00 00 00-00 00 00 00 00 00 00 00   ................
0770:0060  00 00 00 00 00 00 00 00-00 00 00 00 00 00 00 00   ................
0770:0070  00 00 00 00 00 00 00 00-00 00 00 00 00 00 00 00   ................
```

图 6-15 程序执行后内存中数据

归纳总结

本单元介绍了如何编写一段完整的汇编语言源程序。在汇编语言源程序中除了指令外还有程序的框架，还有很多伪指令，无论是框架还是伪指令，都是程序的一部分，可以帮助我们更好地实现程序的功能。除此以外，还介绍了一些程序的固定语句是事先定义好的，用来输入或输出。这些确定的内容是不会变的，就好像别人已经生产了一把锤子，我们不用管它是如何被生产出来的，只要使用它即可。

其实，我们在前面单元也接触过程序的跳转问题，经过这一单元的学习，我们了解了更多的控制程序走向的写法。这些内容在汇编语言里是比较难以理解的，但是对于初学者来说也是更清晰的。例如，我们在学习 C 语言时知道，要控制程序走向可以用 if 语句、while 语句等，这些语句理解起来也简单，使用起来也方便，但是它们是如何实现的，我们却并不清楚。在汇编语言里面，我们知道原来它们都是通过设置了程序的跳转来实现的。这样看来，其实程序也就没有那么神秘了。

汇编语言源程序只是众多程序实现的方法之一，同样的功能可以用汇编语言来写，也可以用 C 语言来写，还可以用 Python 来写，或者其他未来出现的语言来写。所有的语言只是一种表达的方式，而核心应该是编程的逻辑。这就好像你在和别人交流思想时，究竟是说哪种方言，还是哪个国家的语言，这些其实只是形式，重要的是你说的内容、你的思想、你心里的想法，这些是你真正要跟他人交流的东西。

所以，请一定重视流程图，尤其对于初学者，一定不要偷懒，要习惯于先画流程图，再开始写程序。流程图是帮助我们梳理思路的过程。只有流程图逻辑方面没有问题，你才可能把程序写对，否则，就会不断地修改程序、调试程序，在程序中梳理逻辑关系，很是费时费力。

思考与练习

1. 什么是标号？它有哪些属性？
2. 什么是变量？它有哪些属性？
3. 什么是伪指令？什么是宏指令？伪指令在何时被执行？
4. 汇编语言表达式中有哪些运算符？它所完成的运算是在何时进行的？
5. 画出下列语句中的数据在存储器中的存储情况。

VARB　DB　34, 34H,'GOOD', 2 DUP（1, 2 DUP（0））
VARW　DW　5678H,'CD', $+2, 2 DUP（100）
VARC　EQU　12

6. 按下列要求写出各数据定义语句。

（1）DB1 为 10H 个重复的字节数据序列：1, 2, 5 个 3, 4。

（2）DB2 为字符串'STUDENTS'。

（3）BD3 为十六进制数序列：12H, ABCDH。

（4）用等值语句给符号 COUNT 赋以 DB1 数据区所占字节数，该语句写在最后。

7. 指令 OR AX, 1234H OR 0FFH 中，两个 OR 有什么差别？这两个操作分别在何时执行？

8. 对于下面的数据定义，各条 MOV 指令单独执行后，有关寄存器的内容是什么？

PREP　DB　?
TABA　DW　5 DUP（?）
TABB　DB　'NEXTI'
TABC　DD　12345678H

（1）MOV　AX, TYPE　PREP　　（2）MOV　AX, TYPE　TABA
（3）MOV　CX, LENGTH TABA　（4）MOV　DX, SIZE　TABA
（5）MOV　CX, LENGTH TABB　（6）MOV　DX, SIZE　TABC

9. 设数据段 DSEG 中符号及数据定义如下，试画出数据在内存中的存储示意图。

DSEG　SEGMENT
　　　DSP = 100
　　　SAM = DSP+20
DAB　DB　'/GOTO/', 0DH, 0AH
DBB　DB　101B, 19,'a'

```
CCB    DB    10 DUP(?)
DDW    DW    '12', 100D, 333, SAM
EDW    DW    100
LEN    EQU   $-DAB
DSEG   ENDS
```

10. 如果自 STRING 单元开始存放一个字符串（以字符 "$" 结束）。

（1）编程统计该字符串长度（不包含 $ 字符，并假设长度为两字节）；

（2）把字符串长度放在 STRNG 单元，把整个字符串往下移两个内存单元。

11. 将字符串 STRING 中的 "&" 字符用空格符代替，字符串 STRING 为 "It is FEB&03"。

12. 设 BLOCK 起有 20 个单字节的数，试将它们按降序排列。

13. 考虑以下调用序列，请画出每次调用或返回时堆栈内容和堆栈指针的变化情况。

（1）MAIN 调用 NEAR 的 SUBA 过程（返回的偏移地址为 150BH）；

（2）SUBA 调用 NEAR 的 SUBB 过程（返回的偏移地址为 1A70H）；

（3）SUBB 调用 FAR 的 SUBC 过程（返回的偏移地址为 1B50H，段地址为 1000H）；

（4）从 SUBC 返回 SUBB；

（5）从 SUBB 返回 SUBA；

（6）从 SUBA 返回 MAIN。

14. 设计以下子程序。

（1）将 AX 中的 4 位 BCD 码转换为二进制码，放在 AX 中返回。

（2）将 AX 中无符号二进制数（<9999D）转换为 4 位 BCD 码串，放在 AX 中返回。

（3）将 AX 中有符号二进制数转换为十进制 ASCII 码字符串，DX 和 CX 返回串的偏移地址和长度。

15. 试编写一个汇编语言程序，要求对键盘输入的小写字母用大写字母显示出来。

16. 键盘输入 10 个学生的成绩，试编制一个程序统计 60～69 分、70～79 分、80～89 分、90～99 分及 100 分的人数，分别存放到 S_6、S_7、S_8、S_9 及 S_{10} 单元中。

17. 比较两个字属性的有符号数 X、Y 的大小。当 X>Y 时，AL 置 1；当 X=Y 时，AL 置 0；当 X<Y 时，AL 置 1。

18. 编写汇编程序段，比较串长为 COUNT 的两串 STR1 和 STR2。若两串相等，则给寄存器 AX 置全 1；否则，将两串不相等单元的偏移地址存入 AX。

19. 设在内存数据区 LINTAB 单元开始存放一数据表，表中为有符号的字数据。表长存放在 COUNT 单元，要查找的关键数据存放在 KEYBUF 单元。编制程序查找 LINTAB 表中是否有 KEYBUF 单元中指定的关键数据，若有将其在表中的地址存入 ADDR 单元，否则将 -1 存入 ADDR 单元。

20. 编写一个程序，它先接收一个字符串，然后显示其中数字字符的个数、英文字母的个数和字符串的长度。

21. 编程从键盘接收一个字符串，存入 STRING 开始的内存缓冲区，要求统计该字符串中空格的个数。

单元 7

总线

📀 学习目标

● **知识目标**

1. 掌握总线的分类；
2. 掌握系统总线的分类；
3. 掌握总线的性能指标。

● **能力目标**

1. 能够看懂总线时序图；
2. 能够说明 CPU 与内存储器通信过程中总线周期的时序；
3. 能够描述总线在微型计算机中的功能。

● **素质目标**

1. 总线体现的人类智慧就像修路为城市发展、国家发展带来的变化一样。要注重技术的发现，要让所有设备设施适配这种技术的进步，技术才能最大化地发挥它的优势；
2. 建立正确的人生观、价值观和世界观；
3. 北桥连接到较快的组件，南桥连接到较慢的组件。通过分工协作、提升系统工作效率和处理信息的速度。因此，要重视分工协作、合作共赢，具有团队协作的精神。

🖳 学习重难点

1. 总线时序图；
2. 总线周期。

👥 学习背景

总线接口是主板上常见的设备，它是微型计算机各个设备模块之间通信的通道。

单元7　总　　线

> **学习要求**

打开一个台式计算机的机箱，观察主板上的总线接口，说说看你发现了几种总线接口？它们分别连接了哪些设备？

> **知识准备**

7.1　总线周期

为了获取指令或传送数据，CPU 的总线接口部件通常要执行一个总线周期。在 8086/8088 中，一个最基本的总线周期由 4 个时钟周期组成。时钟周期是 CPU 的基本时间计量单位，它由计算机的主频决定。例如，8086 的主频为 5MHz，一个时钟周期就是 200ns；8088 的主频为 10MHz，一个时钟周期为 100ns。习惯上，将一个总线周期中的 4 个时钟周期分别称为 4 个状态，即 T1 状态、T2 状态、T3 状态和 T4 状态，如图 7-1 所示。

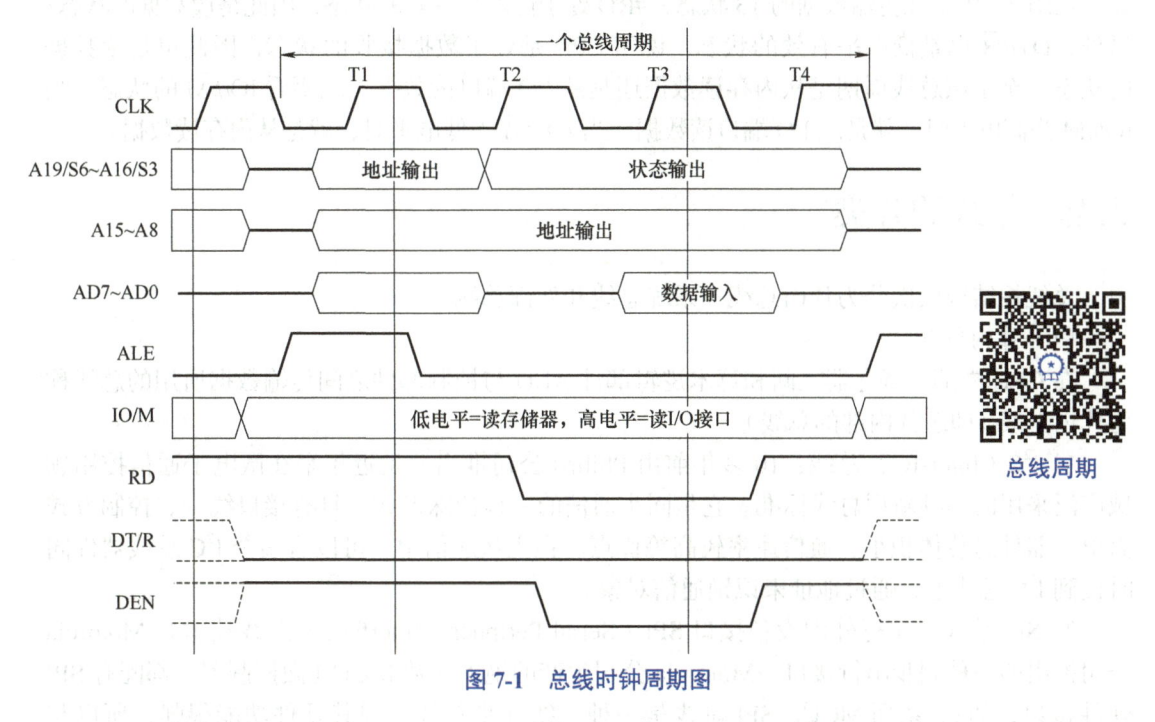

图 7-1　总线时钟周期图

总线周期

（1）T1 状态

CPU 往多路复用总线上发出地址信息，以指出要寻址的存储单元或外设端口的地址。

（2）T2 状态

CPU 从多路复用总线上撤销地址，而使总线的低 16 位置成高阻状态，为传输数据做准备。地址总线的最高 4 位（A16～A19）用来输出本总线周期状态信息。这些状态信息用来表示中断允许状态、当前正在使用的段寄存器名称等。

(3) T3 状态

多路总线的高 4 位继续提供状态信息，而多路总线的低 16 位（8088 则为低 8 位）上出现由 CPU 写出的数据或者 CPU 从存储器或端口读入的数据。

(4) Tw 状态

由于外设或存储器的读写速度较慢，不能及时地配合 CPU 传送数据。这时，外设或存储器会通过"READY"信号线在 T3 状态启动之前向 CPU 发一个"数据未准备好"的信号，于是 CPU 会在 T3 之后插入 1 个或多个附加的时钟周期 Tw。Tw 也称为等待状态，在 Tw 状态，总线上的信息情况和 T3 状态的信息情况一样。当该外设或存储器完成数据传送时，便在"READY"线上发出"准备好"信号，CPU 接收到这一信号后，会自动脱离 Tw 状态而进入 T4 状态。

(5) T4 状态

当 T4 状态结束时，一个总线周期结束。需要指出的是，只有在 CPU 和内存或 I/O 接口之间传输数据或者填充指令预取队列时，CPU 才执行总线周期。如果在一个总线周期之后不立即执行下一个总线周期，那么，系统总线就处在空闲状态，此时，执行空闲周期。

至于该总线周期是读还是写，要看 #$\overline{RD}$、#$\overline{WR}$ 引脚及 DT/#$\overline{R}$ 和 #$\overline{DEN}$ 引脚的变化。例如，在图 7-1 中，在传输数据的 T3 状态，#$\overline{RD}$ 处于低电平有效的状态，因此是读数据的状态；另外，DT/#$\overline{R}$ 也是低电平有效的状态，说明 CPU 是处于数据接收的状态，因此也是读数据的状态。至于该总线周期是从内存读数据还是从 I/O 端口读数据，就要看 IO/#$\overline{M}$ 的状态。当 IO/#$\overline{M}$ 为高电平时，就是从 I/O 端口读数据；当 IO/#$\overline{M}$ 为低电平时，就是从内存读数据。

7.2 总线的分类

总线按结构层次分为片内总线、系统总线和外部总线。

(1) 片内总线

在 CPU 内部，寄存器之间和算术逻辑部件 ALU 与控制部件之间传输数据所用的总线称为片内总线（即芯片内部的总线）。

1) I^2C（Inter-IC）总线：10 多年前由 Philips 公司推出，是近年来在微电子通信控制领域广泛采用的一种新型总线标准。它是同步通信的一种特殊形式，具有接口线少、控制方式简单、器件封装体积小、通信速率较高等优点。在主从通信中，可以有多个 I^2C 总线器件同时接到 I^2C 总线上，通过地址来识别通信对象。

2) SPI 总线：串行外围设备接口 SPI（Serial Peripheral Interface）总线技术是 Motorola 公司推出的一种同步串行接口。Motorola 公司生产的绝大多数 MCU（微控制器）都配有 SPI 硬件接口，如 68 系列 MCU。SPI 总线是一种三线同步总线。因其硬件功能很强，所以与 SPI 有关的软件就相当简单，使 CPU 有更多的时间处理其他事务。

3) SCI 总线：串行通信接口 SCI（Serial Communication Interface）也是由 Motorola 公司推出的。它是一种通用异步通信接口 UART，与 MCS-51 的异步通信功能基本相同。

(2) 系统总线

系统总线又称为内总线或板间总线，是微机中各插件板与系统板之间的总线，用于插件板一级的互联。因为该总线是用来连接微机各功能部件进而构成一个完整微机系统的，所以称为系统总线。人们平常所说的微机总线就是指系统总线，如 ISA 总线、PCI 总线等。

1）ISA 总线：ISA（Industrial Standard Architecture）总线标准是 IBM 公司 1984 年为推出 PC/AT 机而建立的系统总线标准，所以也称为 AT 总线。它在 80286 至 80486 时代应用非常广泛，以至于现在奔腾机中还保留有 ISA 总线插槽。ISA 总线有 98 只引脚。图 7-2 中黑色的较大的插槽就是 ISA 总线。

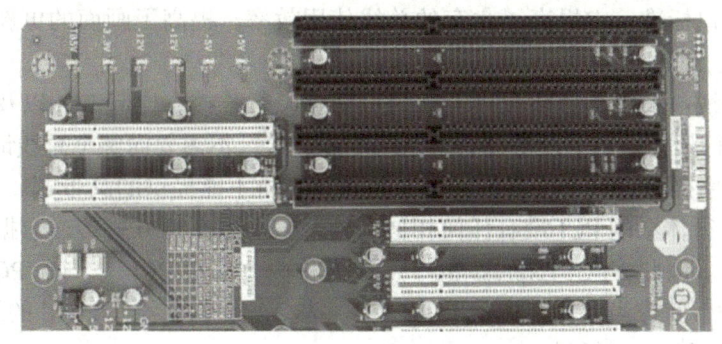

图 7-2 系统总线

2）EISA 总线：EISA 总线是 1988 年由 Compaq 等 9 家公司联合推出的总线标准。它是在 ISA 总线的基础上使用双层插座，在原来 ISA 总线的 98 条信号线上又增加了 98 条信号线，也就是在两条 ISA 总线之间添加一条 EISA 信号线。在实际应用中，EISA 总线完全兼容 ISA 总线信号。

3）VESA 总线：VESA（Video Electronics Standard Association）总线是 1992 年由 60 家附件卡制造商联合推出的一种局部总线，简称为 VL（VESA Local bus）总线。它的推出为微机系统总线体系结构的革新奠定了基础。该总线系统中，将 CPU 与主存和 Cache 直接相连的总线称为 CPU 总线或主总线，其他设备通过 VL 与 CPU 总线相连，因此 VL 被称为局部总线。它定义了 32 位数据线，且可通过扩展槽扩展到 64 位，使用 33MHz 时钟频率，最大传输率达 132MB/s，可与 CPU 同步工作，是一种高速、高效的局部总线，可支持 386SX、386DX、486SX、486DX 及奔腾微处理器。

4）PCI 总线：PCI（Peripheral Component Interconnect）总线是当前最流行的总线之一，是由 Intel 公司推出的一种局部总线。它定义了 32 位数据总线，可扩展为 64 位。PCI 总线主板插槽的体积比原 ISA 总线插槽还小，其功能相比 VESA、ISA 有极大的改善，支持突发读写操作，最大传输速率可达 132MB/s，可同时支持多组外围设备。PCI 局部总线不能兼容现有的 ISA、EISA、MCA（Micro Channel Architecture）总线，但它不受制于处理器，是基于奔腾等新一代微处理器而发展的总线。图 7-2 中白色的较小的插槽就是 PCI 总线。

5）Compact PCI：以上所列举的几种系统总线一般都用于商用 PC 中，在计算机系统总线中，还有另一大类为适应工业现场环境而设计的系统总线，如 STD 总线、VME 总线、PC/104 总线等。这里仅介绍当前工业计算机的热门总线之一——Compact PCI。Compact PCI 的意思是"坚实的 PCI"，是当今第一个采用无源总线底板结构的 PCI 系统，是 PCI 总线的电气和软件标准加欧式卡的工业组装标准，是当今最新的一种工业计算机标准。Compact PCI 是在原来 PCI 总线基础上改造而来的，它利用 PCI 的优点提供满足工业环境应用要求的高性能核心系统，同时还考虑到充分利用传统的总线产品，如 ISA、STD、VME 或 PC/104 来扩充系统的 I/O 和其他功能。

6）AGP 标准：PCI 总线的频率只有 33MHz，它成了超高速系统传送的瓶颈。为了解决这个问题，研究人员推出了 AGP 标准。它通过在主存与显示卡之间提供了一条直接的通道，使 3D 图形数据越过 PCI 总线直接进入显示，从而用低成本实现高性能 3D 图形数据的传送。但是，AGP 不能取代 PCI。严格地讲，AGP 并不是一种总线接口标准，而是一种点对点连接的图形显示接口标准。它提高了主存的总线使用效率，提高了画面的更新速度，减轻了 PCI 总线的负载，因此得到了广泛的应用。

7）PCI-E 总线：采用了目前业内流行的点对点串行连接，比起 PCI 以及更早期的计算机总线的共享并行架构，每个设备都有自己的专用连接，不需要向整个总线请求带宽，而且可以把数据传输率提高到一个很高的频率，达到 PCI 所不能提供的高带宽。在工作原理上，PCI Express 与并行体系的 PCI 没有任何相似之处，它采用串行方式传输数据，并依靠高频率来获得高性能。因此，PCI Express 也一度被人称为"串行 PCI"。当前 PCI Express 基本全面取代了 AGP，就像当初 PCI 取代 ISA 一样。表 7-1 给出了各代 PCIE 的最大传输速率。图 7-3 展示了 PCI 和 PCIE 插槽。

表 7-1 各代 PCIE 不同通道数量的最大传输速率　　　　　　　（单位：GB/s）

版本（代）	推出时间	×1	×2	×4	×8	×16
1	2003	0.25	0.500	1.00	2.0	4.0
2	2007	0.5	1.000	2.00	4.0	8.0
3	2010	0.9846	1.969	3.94	7.88	15.75
4	2017	1.969	3.938	7.88	15.75	31.51
5	2019	3.938	7.877	15.75	31.51	63.02
6.0	2022	7.877	15.754	31.51	63.02	126.03

图 7-3　PCI 和 PCIE 插槽（自上而下分别为 PCIe x4、x16、x1、x16、PCI）

(3) 外部总线

它是计算机和外部设备之间的总线。

1) RS-232-C 总线。RS-232-C 是美国电子工业协会 EIA（Electronic Industry Association）制定的一种串行物理接口标准。RS 是英文"推荐标准"的缩写，232 为标识号，C 表示修改次数。RS-232-C 总线标准设有 25 条信号线，包括一个主通道和一个辅助通道，在多数情况下主要使用主通道，对于一般双工通信，仅需几条信号线就可实现，如一条发送线、一条接收线及一条地线。RS-232-C 标准规定的数据传输速率为每秒 50、75、100、150、300、600、1200、2400、4800、9600、19200 波特。RS-232-C 标准规定，驱动器允许有 2500pF 的电容负载，通信距离将受此电容限制。例如，采用 150pF/m 的通信电缆时，最大通信距离为 15m。若每米电缆的电容量减小，通信距离可以增加。传输距离短的另一个原因是 RS-232 属单端信号传送，存在共地噪声和不能抑制共模干扰等问题，因此一般用于 20m 以内的通信。

2) RS-485 总线。RS-232 接口可以实现点对点的通信，但这种方式不能实现联网功能。为了解决这个问题，一个新的标准 RS-485 产生了。它使用一对双绞线，将其中一线定义为 A，另一线定义为 B（见图 7-4 和图 7-5）。RS-485 的数据信号采用平衡发送和差分接收，具有抑制共模干扰的能力，加上总线收发器具有高灵敏度，能检测低至 200mV 的电压，故传输信号能在千米以外得到恢复。RS-485 采用半双工工作方式，任何时候只能有一点处于发送状态，因此，发送电路须由使能信号加以控制。RS-485 用于多点互联时非常方便，可以省掉许多信号线。应用 RS-485 可以联网构成分布式系统，其允许最多并联 32 台驱动器和 32 台接收器。

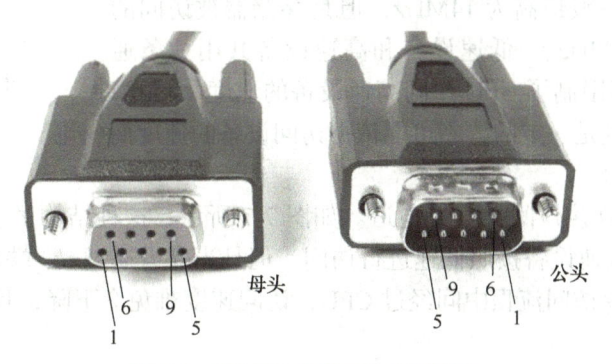

图 7-4　RS-232-C 和 RS-485 接口

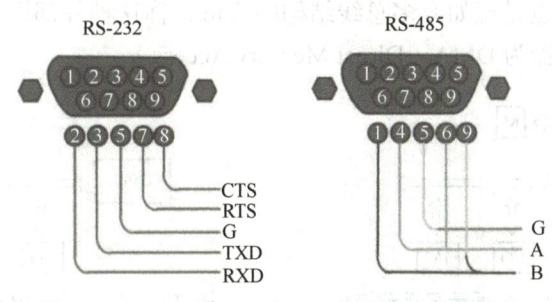

图 7-5　RS-232-C 与 RS-485 信号线连接的对比

3）IEEE-488 总线。上述两种外部总线是串行总线，而 IEEE-488 总线是并行总线接口标准。IEEE-488 总线用来连接系统，如微型计算机、数字电压表、数码显示器等设备及其他仪器仪表均可用 IEEE-488 总线装配起来。它基于位并行、字节串行、双向异步方式传输信号，连接方式为总线方式，仪器设备直接并联于总线上而不需中介单元，总线上最多可连接 15 台设备，最大传输距离为 20m，信号传输速率一般为 500KB/s，最大传输速率为 1MB/s。

4）USB 总线。通用串行总线 USB（Universal Serial Bus）是由 Intel、Compaq、Digital、IBM、Microsoft、NEC、Northern Telecom 等 7 家世界著名计算机和通信公司共同推出的一种新型接口标准。它基于通用连接技术，实现外设的简单快速连接，达到方便用户、降低成本、扩展 PC 连接外设范围的目的。它可以为外设提供电源，而不像普通的使用串、并口的设备需要单独的供电系统。另外，快速是 USB 技术的突出特点之一，USB 的最高传输率可达 12Mbit/s，比串口快 100 倍，比并口快近 10 倍，而且 USB 还能支持多媒体。

7.3 总线的结构

（1）单总线结构

存储器除了存储数据并无其他操作，因此 CPU 访问存储器的最高速度远高于访问 I/O 接口的速度（如 DAC 这样的外设，其运行速度一般最高为 14MHz，但是存储器被访问的速度可以达到上百 MHz）。低速设备和高速设备共用一条通道（见图 7-6），这就限制了 CPU 访问高速设备的速度。因此，CPU 访问总线的速度是一定的，不可能依据访问设备的速度而变化。

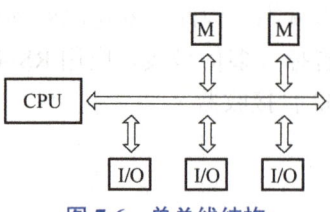

图 7-6　单总线结构

（2）双总线结构

1）存储器与 I/O 接口间无直接通道。如图 7-7 所示，这种结构虽然可以使高速设备按照高速进行访问，低速设备按照低速进行访问，但是当外设通过 I/O 端口访问存储器时就必须要经过 CPU，只要访问流程中间经过 CPU，访问速度难免会下降，且给 CPU 造成数据传输的巨大压力。

2）存储器与 I/O 接口间有直接通道。如图 7-8 所示，此时高速设备不仅可以使用高速访问，低速设备使用低速访问，而且外设可以直接访问到存储器，这就避免了 CPU 只做传输数据这种无用功，这也是现如今多总线结构的雏形，称这种外部设备通过 I/O 端口直接访问存储器的总线及控制器为 DMA（Direct Memory Access）。

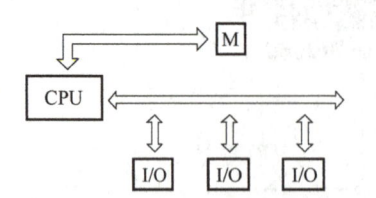

图 7-7　存储器与 I/O 接口间无直接通道 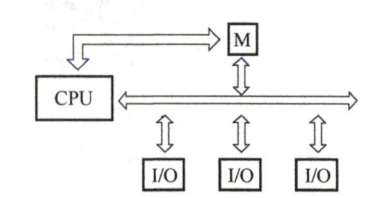　　图 7-8　存储器与 I/O 接口间有直接通道

（3）多总线结构

现代微型计算机采用的是多总线结构，图7-9所示是主板总线结构图。

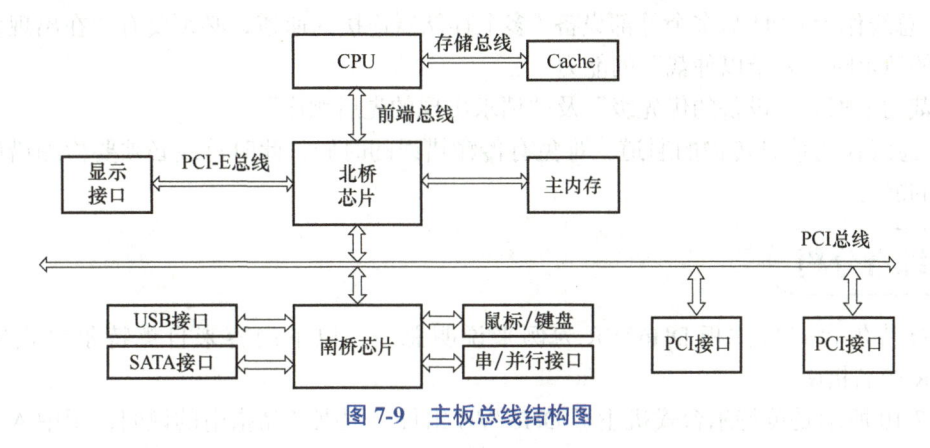

图7-9 主板总线结构图

1）北桥芯片（North Bridge）是主板芯片组中起主导作用的最重要的部分，也称为主桥（Host Bridge）。一般来说，芯片组的名称就是以北桥芯片的名称来命名的，例如，Intel 845E芯片组的北桥芯片是82845E，Intel 875P芯片组的北桥芯片是82875P等。北桥芯片负责与CPU的联系并控制内存、AGP数据等在北桥内部传输，提供对CPU的类型和主频、系统的前端总线频率、内存的类型（SDRAM、DDR SDRAM及RDRAM等）和最大容量、AGP插槽、ECC纠错等的支持。整合型芯片组的北桥芯片还集成了显示核心。北桥芯片就是主板上离CPU最近的芯片，这主要是考虑到北桥芯片与处理器之间的通信最密切，为了提高通信性能而缩短传输距离。因为北桥芯片的主要功能之一是控制内存，而内存标准与处理器一样变化比较频繁，所以不同芯片组中北桥芯片可能存在一定的差异。

2）南桥芯片（South Bridge）是主板芯片组的另一重要部分，一般位于主板上离CPU插槽较远的下方，PCI插槽的附近。这种布局是考虑到它所连接的I/O总线较多，离处理器远一点有利于布线。南桥芯片不与处理器直接相连，而是通过一定的方式与北桥芯片相连。南桥芯片负责I/O总线之间的通信，如PCI总线、USB、LAN、ATA、SATA、音频控制器、键盘控制器、实时时钟控制器、高级电源管理等，这些技术一般相对来说比较稳定，所以不同芯片组中南桥芯片可能是一样的。南桥芯片的发展方向主要是集成更多的功能，如网卡、RAID、IEEE 1394、甚至Wi-Fi无线网络等。

7.4 总线的性能指标

1）总线作为信号的传输通道，必须具有总线驱动能力和数据传输能力。

数据传输能力：由总线的位宽体现，总线的位宽越宽，在同样的传输速度下，传输的位的数量越多。我们可以将总线的工作频率和总线的位宽做如下类比：

总线的工作频率（Hz）可以比作道路上行驶汽车的速度；总线的位宽（bit）可以比作道路的宽度；总线的带宽（bit/s，每秒传输的位数）可以比作道路上单位时间的车流量。

总线上传输的数据长度越长、传输速度越快，那么总线在每秒传输的位的数量就越多，因此总线的工作频率和总线的位宽就决定了总线的带宽。总线带宽（bit/s）是单位时间内总

线上可传送的位数，有

$$总线带宽 = 位宽 \times 工作频率$$

2）总线作为 CPU 与多个外部设备/多个存储器连接的通道，必须要有"在出现多个占用总线的请求时，要予以仲裁"的能力。

仲裁的依据是"设备的优先级"及"请求出现的先后顺序"。

3）总线作为信息传输的通道，难免有传输错误的时候，此时总线必须要检测错误并具备处理的能力。

综合分析

以英特尔台式机主板 DH67VR 为例来说明总线。以下内容来自英特尔台式机主板 DH67VR 产品指南。

图 7-10 所示是英特尔台式机主板 DH67VR 组件。根据产品指南的说明，图中 A 是 PCI 总线接口，B、C、D 是 PCI Express 总线接口。区别是 D 是 PCI Express 2.0×16 的附加卡连接器，而 B 和 C 是 PCI Express 2.0×1 的附加卡连接器。

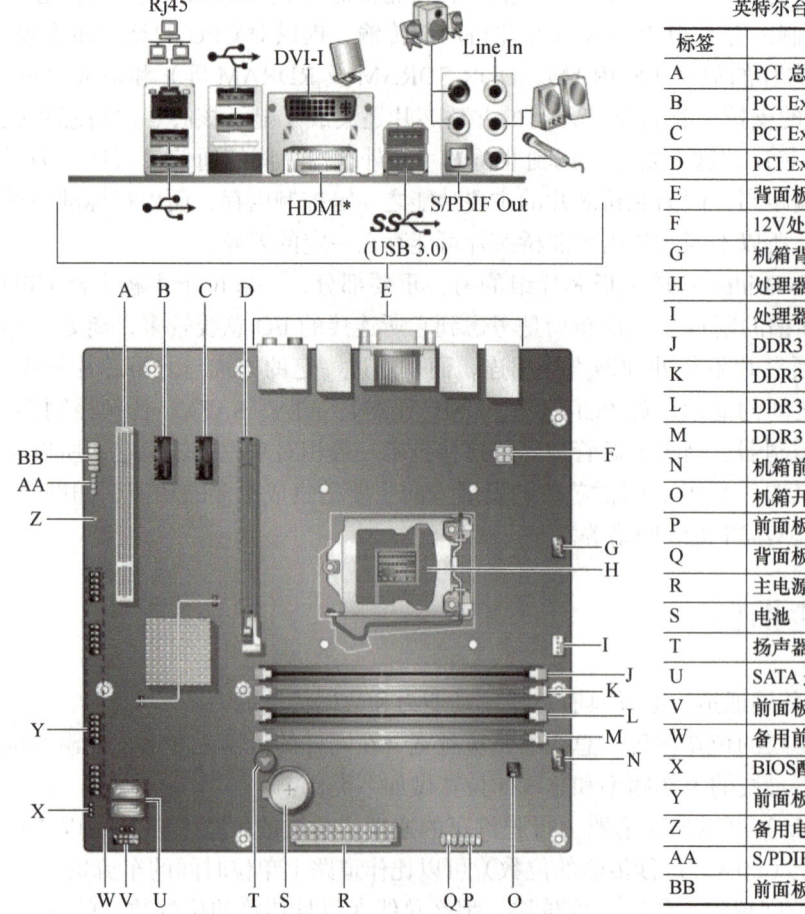

英特尔台式机主板 DH67VR 组件

标签	说明
A	PCI 总线连接器
B	PCI Express 2.0 ×1 附加卡连接器
C	PCI Express 2.0 ×1 附加卡连接器
D	PCI Express 2.0 ×16 附加卡连接器
E	背面板连接器
F	12V 处理器内核电压连接器(2×2针)
G	机箱背面风扇接头连接器
H	处理器插槽
I	处理器风扇接头连接器
J	DDR3 DIMM 3 插槽
K	DDR3 DIMM 1 插槽
L	DDR3 DIMM 4 插槽
M	DDR3 DIMM 2 插槽
N	机箱前面风扇接头连接器
O	机箱开启接头连接器
P	前面板CIR接收器(输入)接头连接器
Q	背面板CIR发射器(输出)接头连接器
R	主电源连接器(2×12针)
S	电池
T	扬声器
U	SATA 连接器
V	前面板接头连接器
W	备用前面板电源LED指示灯接头连接器
X	BIOS配置跳线块
Y	前面板USB 2.0接头连接器
Z	备用电源LED指示灯
AA	S/PDIF接头连接器
BB	前面板音频接头连接器

图 7-10　英特尔台式机主板 DH67VR 组件和说明

归纳总结

微型计算机的总线是一组能为多个部件分时共享的信息传输线,用来连接多个部件并为之提供信息交换通路。总线不仅是一组信号线,从广义上讲,总线是一组传送线路及相关的总线协议。

如果说主板(Mother Board)是一座城市,那么总线就像是城市里的道路,多总线就好像立交桥(见图7-11),传输的数据包就是这些道路上行驶的车辆,它们按照一定的行车路线行驶在道路上。每台车辆都要知道自己要走哪条道路,从哪里上立交桥,从哪里下去才能到达目的地。随着数据传输速率的要求越来越高,"道路"也要修得越来越好,才能适配微型计算机中高速处理的部件和高速的设备,完成数据的传输和管理,更好地为我们所用。

图7-11 立交桥

在工业上,工业网络的雏形也不称为网络而称为总线,它就是利用了微型计算机总线的这种说法。在工业上,建立一定的数据传输通路,将各种工业设备挂在这个线路上,所有设备都可以通过这个线路传输数据,这就是通信的总线。虽然它建立在设备之间,但是行使的使命与微型计算机中的总线一致。因此,当提到总线时,我们可以从更加广泛的角度去理解它,它是供数据传输的通道,也是限定数据如何传输的协议。

思考与练习

1. 对于CPU向内存储器写数据的过程,请画出总线周期图并说明时序变化。
2. 对于CPU从内存储器读数据的过程,请画出总线周期图并说明时序变化。
3. 请说明总线分哪几类。
4. 请说明系统总线分哪几类。
5. 请说明外部总线分哪几类。
6. 请描述单总线结构与双总线结构相比的优缺点。
7. 请说明总线的性能指标。

单元 8

存储器系统认知

学习目标

● **知识目标**

1. 掌握半导体存储器件的分类；
2. 掌握 Cache 存储系统的组成和工作方式；
3. 掌握存储器扩展的方式。

● **能力目标**

1. 能够在 8088 系统中应用 SRAM6264 芯片；
2. 能够在 8088 系统中应用 EPROM2764 芯片；
3. 能够在 8088 系统中应用 E^{2}PROM98C64A 芯片。

● **素质目标**

1. 存储系统的设计和实现需要遵循"开放、平等、协作、共享"的精神，这体现了社会主义核心价值观中"共享"和"合作"的理念；
2. 个人的价值只有在团队中才能得到充分的体现。个人价值要靠团队来实现，团队是个人价值的源泉。培养学生的团队合作精神，提升团队协作能力，成就团队的同时成就自己；
3. 内存技术的发展历程中充满了创新和失败，引导学生认识到创新的重要性，激发学生的创新意识和探索精神。

学习重难点

1. 三款芯片的使用；
2. 全地址译码和部分地址译码。

学习背景

微机系统硬件搭建和线路连接是构建系统的关键和基石。Proteus 软件能够在线仿真芯片之间的硬件连接并写入程序，验证电路是否正确。

🔗 学习要求

请在 Proteus 软件中使用 8086 芯片和 74LS138 芯片搭建系统，使译码器能够正常工作。

📊 知识准备

8.1 半导体存储器概述

通过前面几个单元的学习，了解了微机系统的指令系统和编程语言，这些属于微机系统的软件部分。我们还了解了微处理的结构和工作原理，这些属于微机系统的硬件部分。本单元要学习的存储器也属于微机系统的硬件部分。

本单元提到的存储器位于微处理的外部、微机系统的内部，通常把它称为"内存条"，如图 8-1 所示。

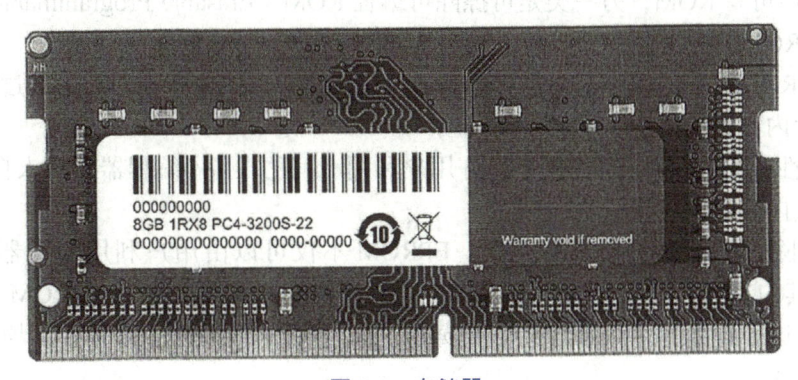

图 8-1 存储器

前面的单元中提到，8088/8086 系统可访问的内存空间是 1MB。这里 1MB 的内存空间就是指存储器，"1MB"表示这个存储器的容量。1MB 是一种简化的写法，其实应该写成 1 Mega Byte，有

$$1 \text{ Mega} = 2^{20}$$

比如，如果 1B（8bit 的数据）就是一个存储单元，是存储数据的一个房间，那么 1MB 的意思是一共有 2 的 20 次方个存储数据的房间，即 1048576 个存储单元。在存储单元中，每个比特又被称为一个存储元。它是能够存放一位二进制数的半导体器件。在 8088/8086 系统中，每个存储单元是由 8 个存储元构成的。整个存储器就是由这些能够表示二进制数 0 和 1 的具有记忆功能的半导体器件组成的。

8.1.1 半导体存储器的分类

半导体存储器主要分为两大类，分别是随机存取存储器（Random Access Memory，RAM）和只读存储器（Read Only Memory，ROM）。

（1）随机存取存储器

存储在 RAM 上的数据可以被随时读取或写入，这也是它名字的由来。RAM 又包括静态 RAM 和动态 RAM。

1）静态 RAM。静态 RAM 的每个存储元是由晶体管构成的双稳态电路，它能够稳定地存储 0 或 1 的状态。这种存储元包含了若干个晶体管，因此占据的面积会比较大，在一个芯片上能够集成这样的存储元的个数是非常有限的。静态 RAM 的优点是性能稳定，缺点是存储空间比较小，价格比较昂贵。所以，静态 RAM 在微机系统中使用并不多。

2）动态 RAM。动态 RAM 的每个存储元是由晶体管和电容构成的，也能够存储 0 或 1 的状态。由于电容比较容易泄露电荷，所以它保持 1 的性能不是特别稳定。为了使它能够稳定地保持 1 的状态，需要在存储元的周围增加一些控制电路，定期地给状态为 1 的电容充电以保持它的状态。在一个芯片上能够集成的存储元个数可以达到几个 G，因此动态 RAM 能够在小面积上实现大的存储容量。它的优点是存储空间大，价格便宜，因此在微机系统中使用比较多。现在动态 RAM 技术在不断发展，它的容量也来越来越大，性能也在不断提升。

（2）只读存储器

只读存储器顾名思义就是存储在它上面的数据只能读。它也分成两类：一类是掩膜 ROM 和一次性可写 ROM，另一类是可擦除可编程 ROM（Erasable Programmable Read-Only Memory，EPROM）。

1）掩膜 ROM。它的内容是由半导体制造厂按用户提出的要求在芯片生产过程中直接写入的。写入后内容无法改变。

2）一次性可写 ROM。这种技术允许用户利用专门的设备（编程器）写入自己的程序，一旦写入，其内容将无法改变。

3）可擦除可编程 ROM（EPROM）。EPROM 不仅可以由用户利用编程器写入信息，而且可以对其内容进行多次修改。EPROM 又可分为紫外线擦除（UVEPROM）和电擦除（E^2PROM）。这种技术的存储器其实是可读可写的，只是写入时要比 RAM 麻烦得多，做不到实时写入。

这么一比较，你是不是觉得 RAM 比 ROM 更好？既然有 RAM，微机系统中为什么还要用 ROM 呢？这是因为 ROM 相比 RAM 还有一个更大的优势，就是断电保持。RAM 需要通电才能够保持它的数据，一旦断电了它的数据就消失了，而 ROM 却可以一直保持。所以，在微机系统中，RAM 和 ROM 是共存的。微机系统利用 RAM 读写速度比较快的优势，在上电期间利用 RAM 跟 CPU 直接交换数据，用来存储程序或临时产生的数据。同时，微机系统利用 ROM 的断电保持特性将事先写好的程序或存储的数据，在微机系统工作时直接读取使用。可见，在微机系统中，RAM 和 ROM 同时发挥着各自的优势，让微机系统工作起来更有效。

8.1.2 存储器的技术指标

半导体存储器的技术指标包括存储器的容量、存储时间、功耗、存取周期和可靠性。

1）存储器的容量。存储器的容量用下式计算：

$$存储器容量 = 存储单元的个数 \times 每个存储单元的位数$$

如果每个存储单元的位数是一个比特，那么我们就用小写的 b 来表示存储容量，例如，128Kb。如果每个存储单元的位数是 8 个比特，那么我们就用大写的 B 来表示存储容量，例如，128KB。在 8088/8086 中，存储器的容量都是用 B 来表示，这说明每个存储单元都是 8 个比特，就是一个字节的大小。如果默认存储单元都是 8 个比特的，那么在描述存储器容量时，也可以省略 B。

2）存储时间。它刻画的是进行一次读写所需要的时间。时间越短，说明存储器读写一次的时间越快。

3）存取周期。连续进行两次读写操作，中间间隔的最小时间就是存取周期。存取周期反映的是存储器的反应速度。

在其他指标确定的前提下，存储器的功耗越低越好，越可靠越好。

8.2 存储器系统概述

下面来学习微机系统中的存储器系统。微机的存储器系统包括内存储器和外存储器。

内存储器是位于微机系统主板内部的存储器，它包括主内存和高速缓冲存储器。主内存就是在上一节中提到的内存条，高速缓冲存储器就是人们常提到的 Cache。

外存储器是挂在主板外部的存储器，包括联机外存和脱机外存，它们的区别：是否跟微机系统连接在一起。联机外存，如硬盘，大小是 TB 级别的，是微机系统的标配。脱机外存，如光盘，软盘这些，是可以脱离计算机并存储数据的设备。

在微机系统中，不同存储设备的性能差别非常大，见表 8-1。内存储器的速度要比外存储器的速度快，但是它们的容量比外存储器的容量小得多。从单位容量的价格上来说，内存储器的价格更高，而外存储器的价格更低。从制造材料上来说，内存储器主要是由半导体材料构成的，而外存储器主要是由磁性材料构成的。

表 8-1 内存储器与外存储器性能比较

比较项目	内存储器	外存储器
速度	快	慢
容量	小	大
单位容量价格	高	低
制造材料	半导体	磁性材料

本单元所讨论的微机存储系统，是指将两个或两个以上速度、容量、价格不相同的存储器用硬件、软件或软硬件相结合的方式连接起来而构成的。要达到的目的是使整个存储系统从外部看起来速度更接近最快的那个存储器，容量更接近容量最大的那个存储器，而从价格上接近更便宜的存储器。

为了实现这个目的，微机系统的存储器系统包括两类：一类是 Cache 存储系统，它是由主存储器与高速缓冲存储器构成的；另一类是虚拟存储系统，它是由主存储器与磁盘存储器构成的，如图 8-2 所示。

图 8-2 微机系统的存储器系统

8.2.1 Cache 存储系统

Cache 存储系统是由硬件系统进行管理的，对于程序员来说它是透明的。什么是透明的？透明的意思是说它虽然是客观存在的，但是程序员看不到它。Cache 存储系统的设计目标是使整个存储系统的存储速度接近存储速度最快的那个存储器。

Cache 是由小容量但速度很快的 SRAM 制造的，与 CPU 的存取速度相当，通常被集成到 CPU 的内部，在 CPU 的外部很难发现它。

主内存的容量虽大，但是存取速度太慢，如果让 CPU 直接从主内存中存取所有的数据，由于主内存的速度太慢，CPU 总是要停下来等它，这样 CPU 的速度上不去，整个微机系统的处理性能也上不去。

微机系统在 CPU 与主内存中间加入了 Cache（见图 8-3），Cache 与主内存通过总线连接。Cache 在 CPU 与主内存之间起到了很好的过渡作用。

下面结合图 8-4 说明 Cache 的工作过程。

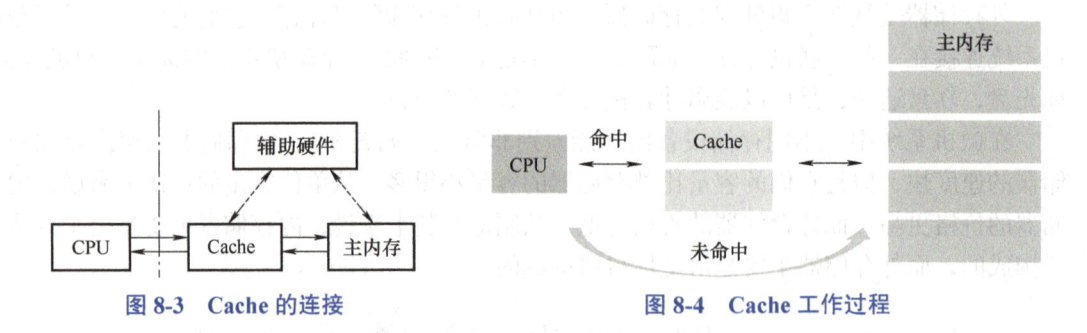

图 8-3 Cache 的连接   图 8-4 Cache 工作过程

首先，程序访问的过程具有局部性。经过工程师们的统计发现，如果 CPU 调用一条程序，那么很大概率后面将要调用的程序都离这条程序不会太远。

在 CPU 最开始运行程序时，Cache 中没有内容，CPU 不能在 Cache 中命中任何内容，那么 CPU 会去主内存中寻找。当 CPU 取到第一条指令以后，Cache 会基于第一条指令在主内存的位置将这条指令及其后的一段指令镜像复制到 Cache 中。此后，CPU 将要寻找的指令很大概率都能够在 Cache 中找到，即命中率变高了。由于 Cache 的存取速度非常快，更接近 CPU 的处理速度，所以一旦命中率高，那么对于 CPU 来说，它就会觉得这个存储系统的读写速度还是相当快的。

过了一段时间，CPU 要读取的指令又不在 Cache 中了，这就是未命中。当要寻找的程序在 Cache 中不能命中时，CPU 就要去主内存中寻找，找到后，Cache 会将这条新的程序附近的程序段镜像复制到 Cache 中，将之前的程序段再复制回主内存中。

当然，现在的 Cache 还会有更先进的技术保证命中率更高。可见整个 Cache 存储系统的读写时间就是命中率乘以 CPU 读写 Cache 的时间加上未命中率乘以 CPU 读写主内存的时间。所以，当命中率越高即越趋近于 1 时，整个存储器系统的读写时间就趋近于 CPU 读写 Cache 的时间。这样，Cache 存储系统就能够实现存取速度接近存取速度最快的器件这一目标。

由于 Cache 的内容始终在更新，它总是保证 CPU 能够尽可能多地命中主内存的内容，所以，从 CPU 的角度来看，Cache 存储系统的存储容量也是接近于主内存的容量的。

虽然 Cache 比较贵，但由于它在整个存储系统中占的比重较低，其价格对整个存储系统的价格增加微乎其微，可以忽略，所以整个存储系统的价格就接近价格最便宜的器件。

8.2.2 虚拟存储系统

虚拟存储系统是由主内存和部分磁盘系统构成的。虚拟存储系统中的磁盘存储系统就是我们说的外部存储器。它们的存储容量比较大，但是读写速度比较慢。虚拟存储系统的设计目标是增加整个系统的存储容量。虚拟存储系统由操作系统进行管理，对于应用程序员来说这部分操作是透明的。

综上，Cache 存储系统让存储系统的处理速度与 CPU 的处理速度匹配，从而实现处理速度快的目标。虚拟存储系统将主存储器的容量扩大，从而实现容量大的目标。在整个存储系统中，Cache 和主内存所占的比重较小，所以价格主要由最便宜的存储设备决定，从而实现了存储系统价格低的目标。

8.2.3 存储设备性能比较

目前，我们提到的存储设备包括脱机外存、联机外存、主存储器（主内存）、高速缓存、通用寄存器组及指令、数据缓冲栈等。其中，脱机外存和联机外存属于外存储器，主内存和高速缓存属于内存储器，而通用寄存器组及指令、数据缓冲栈属于片内存储器。如图 8-5 所示，在这个塔形结构中，由上到下，存储器的存储容量越来越大，存取的速度越来越慢，价格越来越低。

8.3 存储单元编址

从存储器的视角往芯片的方向看，8088 有两种工作模式：最小模式和最大模式。无论是哪种模式，在 8088 的外围都有很多辅助电路。例如，地址总线会接入地址锁存器，数据总线会接入数据收发器等。这些外围器件一方面保证了 CPU 的功能正确，另一方面也

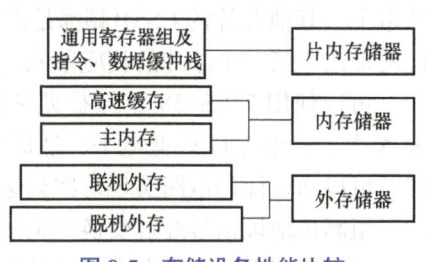

图 8-5 存储设备性能比较

连接了内存储器与 CPU。所以，从内存储器的角度往 CPU 看，其实只能看到 8088 的总线电路。8088 的 IO/$\overline{\text{M}}$ 及 $\overline{\text{RD}}$ 和 $\overline{\text{WR}}$ 引脚都接入到总线电路上，8088 的总线电路对这些引脚进行转换，并输出 MEMR 和 MEMW 信号，其中，MEMR 是内存读而 MEMW 是内存写。当 IO/$\overline{\text{M}}$ 为低电平时，总线电路就会跟内存储器交互数据，而当 $\overline{\text{RD}}$ 为低电平时，MEMR 为低电平，表示 CPU 对内存储器的读操作；当 $\overline{\text{WR}}$ 为低电平时，MEMW 为高电平，表示 CPU 对内存储器的写操作。在读操作或写操作的过程中，需要用地址线去寻址存储单元。

8.3.1 片选地址

假设最开始内存储器中只有 1 个芯片，这个芯片共有 4 个存储单元，需要为每个存储单元分配唯一的地址，那么只需要两个比特位即可，即 4 个存储单元的地址分别为 00、01、

10 和 11。当 4 个存储单元不够用时，就在系统中再加入一片芯片，此时，内存储器共有 8 个存储单元。如果 8 个存储单元也不够用，就再加入一片芯片，此时，内存储器共有 12 个存储单元，如图 8-6 所示。要为 12 个存储单元分配唯一的地址，需要 4 个比特位，可以把这 4 个比特位分成高 2 位和低 2 位，其中高 2 位称为片选地址，用于选中某个芯片，选中某个芯片的意思就是在此刻只有这个芯片工作，其他芯片不工作。

如图 8-6 所示，用高 2 位做片选信号后，第一个芯片的片选地址就是 00，第二个芯片的片选地址就是 01，依次类推。再用低 2 位做片内寻址，用于选中芯片上的单元。这样通过片选地址和片内地址结合，就可以选中某个芯片上的存储单元。这样做便于系统的硬件连线和对内存地址的管理。

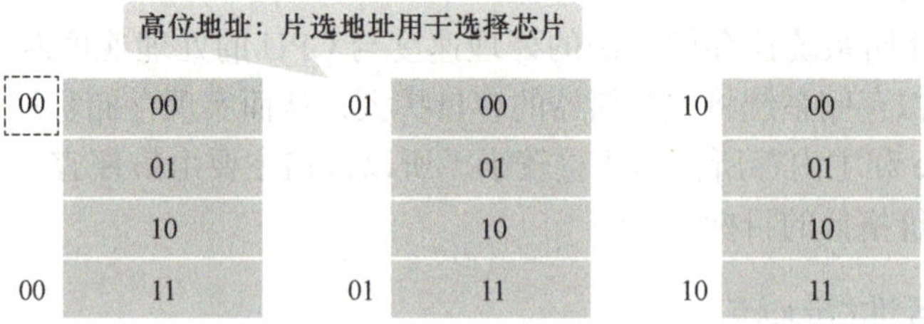

图 8-6　用高 2 位做片选地址选择芯片

8.3.2　片选引脚

每个芯片有一个引脚称为片选引脚（Chip Selection，CS）。我们可以基于地址线上高位地址的不同去选中不同的芯片。例如，地址线上高位是 00 时，就给第一个芯片的 CS 引脚低电平，其他芯片的 CS 引脚都是高电平，这样第一个芯片就被选中了。再基于地址线上低位地址选中第一个芯片的相应单元，就可以实现存储单元的寻址。

可以使用 74LS138 译码器实现片选。把地址总线的高 2 位连接在译码器的输入端口 B 和 A 上，并给端口 C 低电平，然后将端口 Y0～Y2 分别连接在三个芯片的片选引脚上，这样就可以通过译码电路实现每次只选中一个芯片的目标。这就是译码电路的作用，它将输入的一组高位地址信号经过变换产生一个有效的输出信号，用于选中某一个存储器芯片，从而确定该存储器芯片在内存中的地址范围。

8.4　随机存取存储器

通过前面的学习，我们知道随机存取存储器 RAM 分静态 RAM 和动态 RAM。其中，动态 RAM 的存储元是由电容构成的，由于电容中电荷容易泄漏，为了保证动态 RAM 中存储数据的稳定，通常要为动态 RAM 芯片设计外围控制电路，为电容定期充放电。微机系统中使用的内存条主要就是用动态 RAM 构成的。但是，动态 RAM 结构上比较复杂，本书主要以静态 RAM 为例来说明 RAM 的使用。

8.4.1　SRAM6264

静态 RAM（Static RAM，SRAM）的存储元是双稳态电路，存储的信息比较稳定，在每个芯片上集成的存储元数量有限，因此，SRAM 的存储容量比较低。同时，它的存取速度比较快、价格比较高，常用作高速缓冲存储器 Cache。

（1）SRAM6264 的引脚

下面以 SRAM6264 为例来介绍 RAM 芯片的使用方法。SRAM6264 的容量是 8K×8b。这里的 8K 是指 SRAM6264 具有 8K 个存储单元，8b 是指 SRAM6264 的每一个存储单元可以存储一个字节，也就是 8bit。其实，从它的引脚图上也可以推断出它的容量。图 8-7 是 SRAM6264 的引脚图，可以看出，SRAM6264 一共有 13 个地址引脚：A0~A12，可以计算一下 13 个地址引脚能够表示 2^{13} 个地址：

$$2^{13} = 2^3 \times 2^{10} = 8 \times 1024 = 8K$$

刚好是 8K。

再来看数据线，SRAM6264 的 I/O 引脚是数据线，从 IO0~IO7 共 8 根数据线，也就是说，每次读或写它可以处理 8bit 的数据。因此，可以推断出 SRAM6264 的内部容量就是 8K 个存储单元，每个单元是 8bit。

除了地址和数据引脚以外，它还有两个跟读写相关的引脚，分别是输出允许信号 $\overline{OE}$（Output Enable，OE）和写允许信号 $\overline{WE}$（Write Enable）。

另外，还有 $\overline{CS1}$ 和 CS2 两个片选引脚。其中，$\overline{CS1}$ 是低电平有效的引脚，而 CS2 是高电平有效的引脚。当要选定这枚芯片工作时，就要使 CS1 为低电平、CS2 为高电平。当这两个引脚同时有效时，这枚芯片才开始工作。至于它是要读还是写，就要看 $\overline{OE}$ 引脚和 $\overline{WE}$ 的状态来区分。

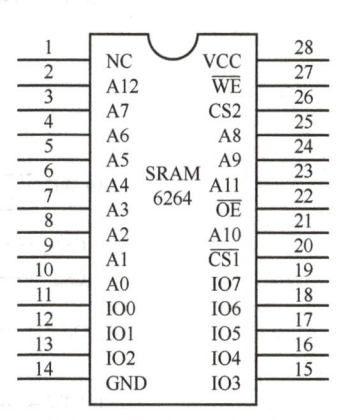

图 8-7　SRAM6264 引脚图

其实，SRAM6264 是一系列的芯片。除了 6264，还有 6116、62128、62256 等。它们的区别是地址线的数量不一样，也就是存储单元的数量不一样，具体见表 8-2。

表 8-2　SRAM6264 系列芯片比较

地址线数量	11	13	14	15	16
芯片信号	6116	6264	62128	62256	62512
存储容量	2KB	8KB	16KB	32KB	64KB

通过表 8-2 可以看到不同型号芯片的存储单元数量是不同的。通过查看芯片数据线的根数还可以进一步判断这枚芯片一个存储单元能够存储多少位二进制的信息。

（2）SRAM6264 的工作时序

图 8-8 所示为 SRAM6264 的写操作时序图。图中，它的地址信号是有效的，$\overline{CS1}$ 为低电平，CS2 为高电平，这两个信号同时生效后，这个芯片被选中，它开始工作。

当 $\overline{WE}$ 引脚为低电平时，SRAM6264 可以被写入数据。随后，CPU 会在数据总线上发送数据，然后将这些数据写入 SRAM6264 中。这就是 SRAM6264 各引脚协同工作，使 CPU 能够向 SRAM6264 写入数据的过程。

图 8-9 所示为 SRAM6264 的读操作时序图。图中，它的地址信号是有效的，$\overline{CS1}$ 为低

电平，CS2 为高电平，这两个信号同时生效后，这个芯片被选中，它开始工作。当 $\overline{OE}$ 引脚为低电平时，SRAM6264 可以被读取数据。随后，SRAM6264 会将数据发送到数据总线上给 CPU。这就是 SRAM6264 各引脚协同工作，使 CPU 能够读取 SRAM6264 数据的过程。

图 8-8　SRAM6264 的写操作时序图

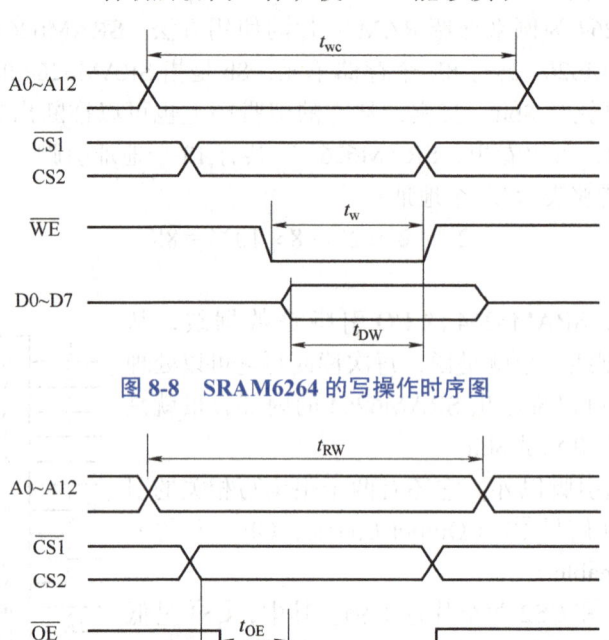

图 8-9　SRAM6264 的读操作时序图

（3）SRAM6264 的应用

SRAM6264 的应用主要是指使用这枚芯片的方法，也就是怎样实现它和整个微机系统的连接。

图 8-10 所示为 SRAM6264 与微机系统的总线连接示意图。图中，右边是 SRAM6264，左边是 8088 的总线。

首先，SRAM6264 有 13 根地址线，要跟 8088 地址总线的低 13 位地址线相连。

其次，SRAM6264 的数据线 D0～D7（即 IO0～IO7）也要跟 8088 的数据线相连。

另外，$\overline{WE}$ 引脚要跟 $\overline{MEMW}$ 引脚相连，$\overline{OE}$ 要跟 $\overline{MEMR}$ 引脚相连。还有 SRAM6264 的片选信号 $\overline{CS1}$ 和 CS2。为了简单起见，将 CS2 直接接高电平，这样就可以靠 $\overline{CS1}$ 引脚的状态选通或断开 SRAM6264。在选通 SRAM6264 时，

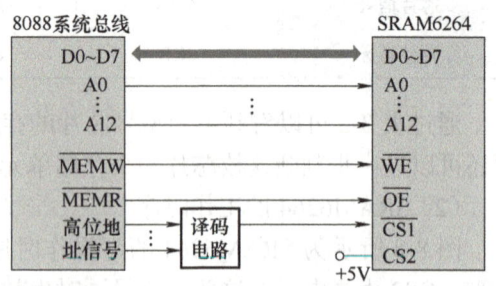

图 8-10　SRAM6264 与微机系统的总线连接示意图

要利用 8088 总线的高位地址信号，这些信号经过译码电路译码后，输出一个片选信号选通 SRAM6264。

译码电路的功能是将输入的一组二进制编码变换为一个特定的输出信号。对于 SRAM6264 来说，译码电路的输入就是 8088 总线系统中高位地址信号，而输出信号就是它的片选信号，被直接接在 $\overline{CS1}$ 引脚上，当这个片选信号为低电平时，该片 SRAM6264 被选中。

8.4.2 全地址译码

假设系统中有几枚 SRAM6264 芯片，则需要通过译码电路来选中不同的芯片。换句话说，当某个芯片被选中时，8088 总线高位地址信号的状态就是这枚芯片所有内存单元所共有的，是它们区别于其他芯片的片选地址。

对于译码电路来说，分为全地址译码和部分地址译码两种方式。对于 8088 系统来说，CPU 一共有 20 根地址线。我们已经使用了低 13 根地址线，用来区分一枚 SRAM6264 芯片内部的存储单元，剩下的 7 根地址线就用来区分不同的 SRAM6264 芯片。如果这 7 根地址线的某一种信号组合状态只能选中一枚芯片的话，那么这种译码方式就是全地址译码。

对于 SRAM6264 来说，它的 A0~A12 都用来寻址片内的存储单元，高七位的某种组合经过译码电路后会使 $\overline{CS1}$ 引脚为低电平，从而选中这枚芯片，所以高位地址作为片选信号。对于这枚芯片来说，所有内存单元的片选地址都是相同的。如果将 SRAM6264 第一个单元的 20 位物理地址称为片首地址，最后一个单元的 20 位物理地址称为片尾地址的话，那么片首地址~片尾地址其实就限定了这款芯片在内存空间中所占有的地址范围。

【例 8-1】图 8-11 所示为全地址译码电路。它使用了 CPU 系统提供的全部地址总线做译码，其中，高位地址线 A13~A19 作为片选信号，低位地址线 A0~A12 与 SRAM6264 的地址线一一相连，用来区分芯片不同的内存单元。所以，每个内存单元在整个内存空间中都具有唯一的地址。采用图 8-11 这种连接方式，这枚 SRAM6264 芯片的地址范围是多少呢？

我们可以直接看 A13~A19 的译码电路。通过观察，发现 A13~A17 全部被接在与非门的输入端口上，而 A18 和 A19 是先取非，再接在与非门的输入端口上。当与非门全部输入端口都为高电平时，$\overline{CS1}$ 为低电平。所以，当 A13~A17 都为高电平，A18、A19 都为低电平时，$\overline{CS1}$ 为低电平。此时，这枚 SRAM6264 芯片的地址范围如图 8-12 所示。

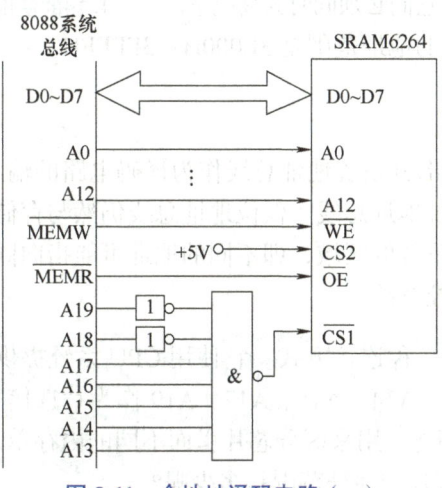

图 8-11 全地址译码电路（一）

A19	A18	A17	A16	A15	A14	A13	A12~A0	
0	0	1	1	1	1	1	0~0	3E000H
			......				......	
0	0	1	1	1	1	1	1~1	3FFFFH

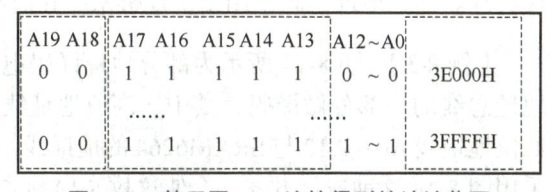

图 8-12 基于图 8-11 连接得到的地址范围

其中，A13～A17都为1，A18和A19都为0，A0～A12的值从全0～全1。可见地址范围是3E000H～3FFFFH。

【例8-2】 图8-13所示为全地址译码电路的另一种连接方式。它使用了CPU系统提供的全部地址总线做译码，其中，高位地址线A13～A19作为片选信号，低位地址线A0～A12与SRAM6264的地址线一一相连，用来区分芯片中不同的内存单元。所以，每个内存单元在整个内存空间中都具有唯一的地址。采用图8-13这种连接方式，这枚SRAM6264芯片的地址范围是多少呢？

在这个例子中直接使用了74LS138做译码器。先简要地回忆一下74LS138的用法。74LS138要想工作，首先要保证它的G1端口为高电平，$\overline{G2B}$ 和 $\overline{G2A}$ 都为低电平。74LS138是3线8线译码器，当输入端C、B、A都为高电平时，$\overline{Y7}$ 输出端为低电平。

通过观察，我们发现 $\overline{CS1}$ 接在74LS138的 $\overline{Y7}$ 接口。因此，基于上述分析，要想选中这枚SRAM6264芯片，需要G1端口为高电平，$\overline{G2B}$ 和 $\overline{G2A}$ 都为低电平，C、B、A三个端口都为高电平。

1）$\overline{MEMW}$ 和 $\overline{MEMR}$ 通过与非门与G1相连。当 $\overline{MEMW}$ 或 $\overline{MEMR}$ 为低电平时，G1为高电平。也就是说，当CPU发起写或读的指令时，G1都是有效的。

2）A18和A19通过或门与 $\overline{G2B}$ 相连。为使 $\overline{G2B}$ 为低电平，A18和A19必须同时为低电平。

3）A16和A17通过与非门与 $\overline{G2A}$ 相连。为使 $\overline{G2A}$ 为低电平，A16和A17必须都为高电平。

4）A13～A15直接连接在A、B、C三个端口上，它们必须同时为高电平。

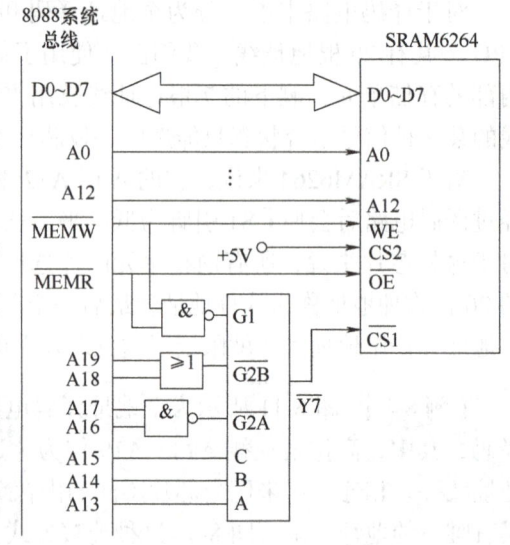

图8-13 全地址译码电路（二）

译码器的使用

通过以上分析，我们发现这枚SRAM6264芯片的地址范围是3E000H～3FFFFH。

8.4.3 部分地址译码

与全地址译码不同，部分地址译码是仅仅使用部分系统地址总线作为译码电路的输入，再通过译码电路输出片选信号。通常仅使用部分高位地址总线。低位地址总线仍然与存储芯片的地址线一一相连。部分地址译码会使地址出现重叠的区域，即不同的地址可能指向同一枚芯片。部分地址译码仅用于单片机系统和简易微控系统。

【例8-3】 图8-14所示为部分地址译码电路的一种连接方式。它使用CPU系统提供的地址总线的一部分做译码，其中，高位地址线A13、A14、A15、A17、A19作为片选信号，低位地址线A0～A12与SRAM6264的地址线一一相连，用来区分芯片里面不同的内存单元。采用图8-14这种连接方式，会使这枚SRAM6264芯片的地址范围是多少呢？

在这个例子中，使用了与非门作为部分地址译码电路。它的输入只有 A13、A14、A15、A17、A19。由于 A16 和 A18 没有接到与非门的输入端，所以 A16 和 A18 的状态就不会影响到片选信号的状态。在此情况下，当 A13、A14、A15、A17、A19 都为高电平时，这枚 SRAM6264 芯片就会被选中。

将地址位的状态列在图 8-15 中，这里 A16 和 A18 被画了 X，也就是说，它们的状态无论是 0 还是 1 都不会影响片选信号是否有效。那么，A16 和 A18 的状态有四种组合：00、01、10、11。

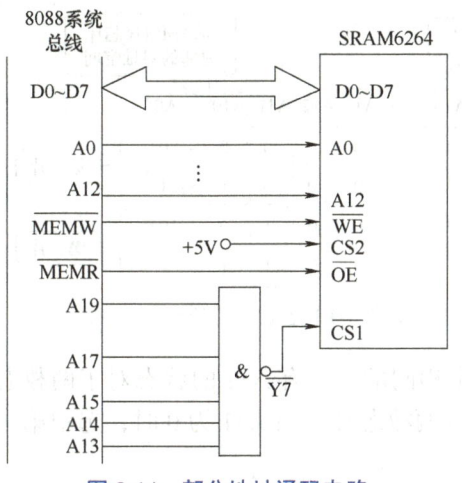

图 8-14　部分地址译码电路

A19	A18	A17	A16	A15	A14	A13	A12	~	A0
1	X	1	X	1	1	1	0	~	0
				...					
1	X	1	X	1	1	1	1	~	0

图 8-15　【例 8-3】地址范围列表

当这两位都为 0 时，地址范围 AE000 ~ AFFFF 可以寻址这枚芯片。
当 A16 为 1，A18 为 0 时，地址范围 BE000 ~ BFFFF 也可以寻址这枚芯片。
当 A18 为 1，A16 为 0 时，地址范围 EE000 ~ EFFFF 也可以寻址这枚芯片。
当这两位都为 1 时，地址范围 FE000 ~ FFFFFH 还是可以寻址这枚芯片。

可见，四个地址段都可以选中这枚 SRAM6264 芯片，这就是部分地址译码。不难发现，部分地址译码方式对地址资源的浪费是比较严重的。

部分地址译码的优点是连线比较简单，因为它涉及的线路比较少。缺点是会导致地址不连续，且多个地址会选中同一枚芯片。所以，部分地址译码多用在芯片数量比较少、系统地址资源充分够用的场合。

部分地址译码还有译码片选法和线性片选法两种接线方式。译码片选法是将高位地址总线中的某根或某几根译码输出作为片选信号，而线性片选法是将高位地址线的一根直接连接到存储芯片的片选信号端。

【例 8-4】 使用 SRAM6116 芯片构成一个 4KB 的存储系统，要求其地址范围在 78000H ~ 78FFFH 之间。

如图 8-16 所示，一枚 SRAM6116 芯片的存储空间是 2K × 8bit，题目要求构成 4KB 的地址空间，所以需要两枚 SRAM6116 芯片。

SRAM6116 共有 11 个地址引脚，所以它能寻址的范围是 $0 \sim 2^{11}$。下面为这两枚芯片分别分配地址的取值范围。

第一枚芯片的地址范围是 78000H～787FFH。前 9 位是 0111 1000 0，后 11 位从 000～7FFH，是选择第一枚芯片内部的存储单元。

第二枚芯片的地址范围是 78800H～78FFFH。前 9 位是 0111 1000 1，后 11 位从 000～7FFH，如图 8-17 所示。

图 8-16 SRAM6116 芯片引脚图

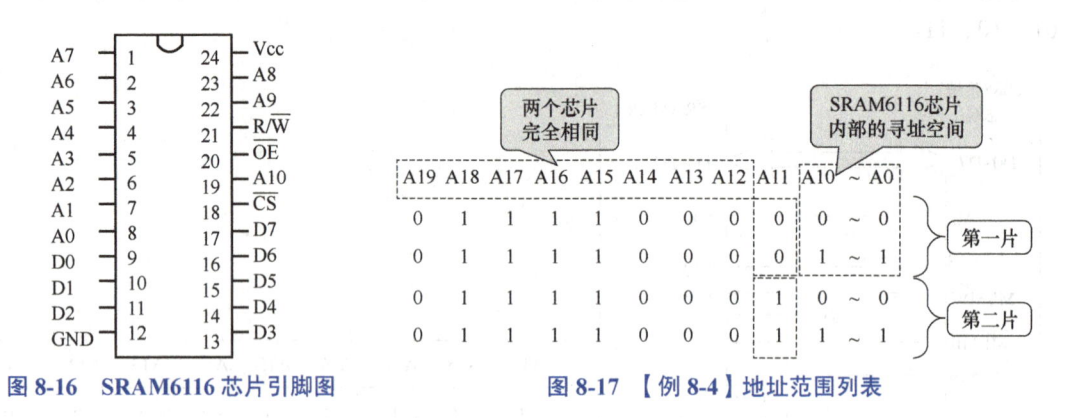

图 8-17 【例 8-4】地址范围列表

由图 8-17 可见，A12～A19 对于两枚芯片来说是相同的，只有 A11 的状态对于两枚芯片来说是不相同的，因此，可以用 A11 的状态来区分两枚芯片。当 A11 为 0 时，选中第一枚芯片；当 A11 为 1 时，选中第二枚芯片。

下面开始设计电路。首先将除译码电路以外的线路先连接好。如图 8-18 所示，这个系统中使用了两枚 SRAM6116 芯片，这两枚芯片的规格是一样的。两枚芯片的数据线都要连接到 8088 系统总线的 D0～D7 上，两枚芯片的地址线都要连接到 8088 系统总线的 A0～A10 上，还有读写的引脚也要连接到 $\overline{MEMR}$ 和 $\overline{MEMW}$ 上。

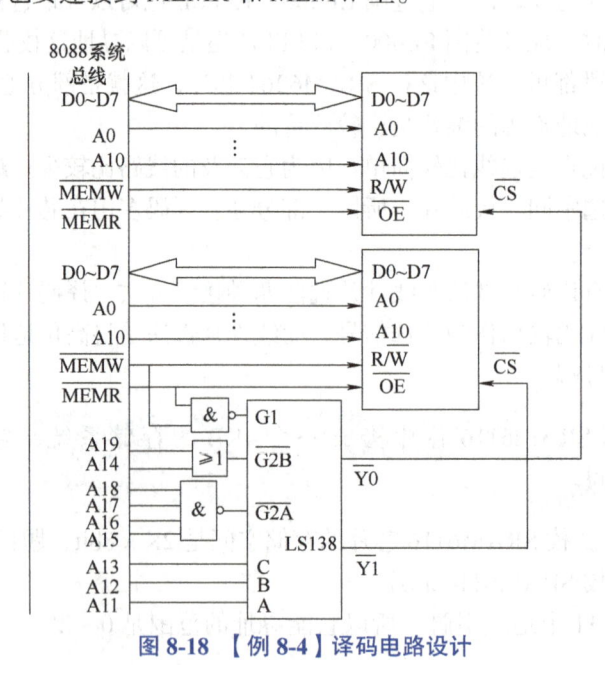

图 8-18 【例 8-4】译码电路设计

其次，设计译码电路。通过译码器 74LS138 的输出引脚 $\overline{Y0}$ 和 $\overline{Y1}$ 分别连接到两枚芯片的 $\overline{CS}$ 片选信号上。如果要选中第一枚芯片，要使 $\overline{Y0}$ 端口有效，此时，74LS138 的 G1 为高电平、$\overline{G2B}$ 为低电平、$\overline{G2A}$ 为低电平，C、B、A 三个端口同时为 0。如果要选中第二枚芯片，要使 $\overline{Y1}$ 端口有效，此时，74LS138 的 G1 为高电平、$\overline{G2B}$ 为低电平、$\overline{G2A}$ 为低电平，C、B 端口为 0、A 端口为 1。

通过上面的分析可知，只需要用 74LS138 的 A 端口状态来区分两个芯片，所以，将 A11 引脚连接到 74LS138 的 A 端口。A12 和 A13 分别连接到 74LS138 的 B、C 端口。

再回到图 8-17，我们发现 A15~A18 都为高电平。为了满足这个条件，将 A15~A18 连接到与非门的输入端口上，并将与非门的输出连接到 $\overline{G2A}$ 引脚上。当 A15~A18 都为高电平时，$\overline{G2A}$ 端口有效。

再回到图 8-17，我们发现 A14 和 A19 都为低电平。为了满足这个条件，将 A14 和 A19 连接到或门的输入端口上，并将或门的输出连接到 $\overline{G2B}$ 引脚上。当 A14 和 A19 都为低电平时，$\overline{G2B}$ 端口有效。

参考【例 8-2】线路的接法，将 $\overline{MEMR}$ 和 $\overline{MEMW}$ 通过与非门接到 $\overline{G1}$ 引脚上，当 8088 发出读或写的控制信号时，74LS138 译码器就可以开始工作了。

8.4.4 DRAM2164A

本节学习动态随机存储器 DRAM 的典型芯片。DRAM 的第一个特点是信息不稳定。DRAM 的存储单元是由电容构成的，因为电容会漏电，所以它存储的信息不稳定。为了保持存储信息稳定，就需要对它进行定时刷新。刷新的意思就是把电容现在的信息读出来，再写回去，以保证内容是 1 的电容电量是充足的，而内容是 0 的电容是没有电荷的。DRAM 的第二个特点是它的存储量高、存储速度低、价格比较便宜，主要用于主内存。

下面通过 DRAM2164A 芯片来了解 DRAM 的使用。DRAM2164A 的容量是 64K×1bit。也就是说，它的内部有 64K 个存储单元，但是每个单元只能存储 1bit。如果想一次写入一个字节，就得同时使用 8 枚芯片。这就是我们在内存条上总是看到 8 个芯片的原因。

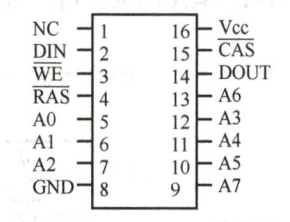

图 8-19 所示为 DRAM2164A 芯片引脚图。仔细观察图中地址引脚，你有没有发现一个问题？按照前面学习的内容，如果一枚芯片有 64K 个存储单元，那么它应该具有 16 根地址线。但是观察图 8-19，我们发现 DRAM2164A 只有 8 根地址引脚。这是为什么呢？

图 8-20 所示为 DRAM2164A 芯片的内部构造图。观察图 8-20，可发现原来在 DRAM2164A 的内部有 4 个 128×128 的存储矩阵，每个矩阵的元素都是一个存储单元。具体使用时，是将 16 位地址线分成低 8 位和高 8 位，分时复用 8 个地址引脚，这样设计的好处是可以减小芯片的体积。

图 8-19 DRAM2164A 芯片引脚图

使用时，低 8 位地址信息先输入，被锁存在内部锁存器中，作为行地址，然后高 8 位地址再输入，被锁存在内部锁存器中，作为列地址。有了行地址和列地址，就能选中一个内存单元。具体来说，行地址中 A7 的状态和列地址中 A7 的状态一共有 4 种组合，通过四选一这个模块，可以选中一个存储阵列，再基于 A0~A6 构成的行列值就可以选中这个阵列中的一个存储单元。

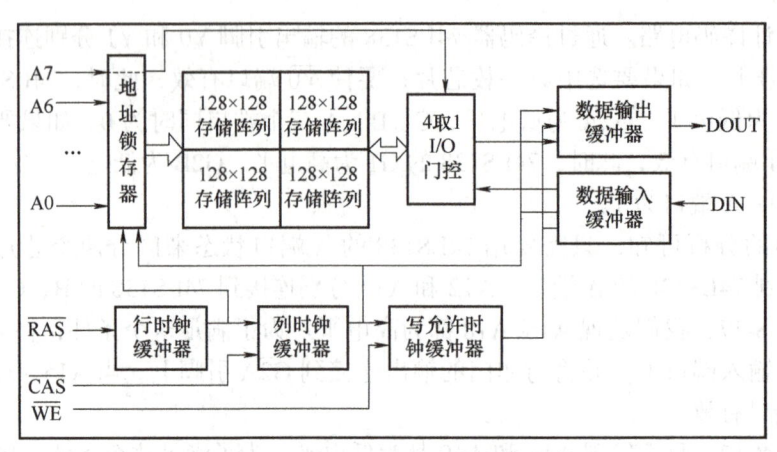

图 8-20 DRAM2164A 芯片内部构造图

Din 和 Dout 是数据的输入和输出线。$\overline{WE}$ 是写允许信号，当它是低电平时，表示对存储单元执行写操作，当它是高电平时，表示对存储单元执行读操作。所以，$\overline{WE}$ 引脚是读写复用的。$\overline{RAS}$ 是行地址锁存信号，$\overline{CAS}$ 是列地址锁存信号，它们是控制信号，控制地址的分时复用。

为了保证存储信息的稳定性，DRAM2164A 还要定期刷新。刷新是将电容的一位信息读出并再次写入的过程。刷新的方法是使列地址信号无效，而使行地址有效，然后将这一行的信息都读出并且再写入。因此，DRAM2164A 刷新一次其实是选中了 512 个单元，将这 512 个单元的内容读出后再写入。当把所有行都遍历一遍后，就刷新了芯片里面所有的存储单元。由于刷新时存储单元的信息不会被送到数据总线上，所以不会影响整个系统的运行。DRAM2164A 的刷新周期是 2~8ms。

图 8-21 所示为 DRAM2164A 读操作的工作时序图。当 $\overline{RAS}$ 引脚为低电平时，DRAM2164A 将地址线的信息锁存到内部锁存器中，作为行地址。当 $\overline{CAS}$ 引脚为低电平时，DRAM2164A 再将地址线的信息锁存到内存锁存器中，作为列地址。当 $\overline{WE}$ 为高电平时，表示 DRAM2164A 的数据可以被读取，随后 DRAM2164A 将待读取的数据从 DOUT 引脚输出。

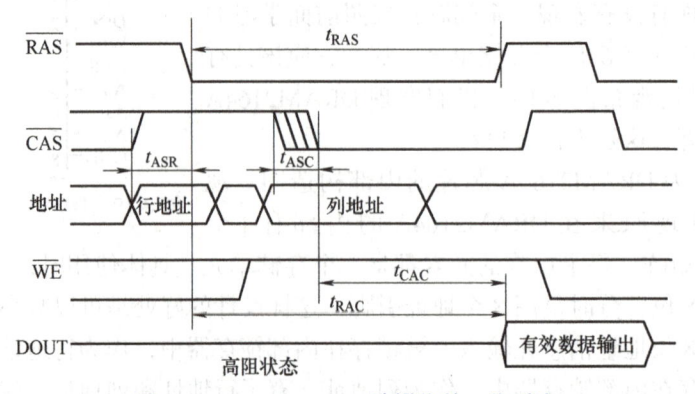

图 8-21 DRAM2164A 读操作的工作时序

图 8-22 所示为 DRAM2164A 写操作的工作时序图。当 $\overline{RAS}$ 引脚为低电平时，DRAM2164A 将地址线的信息锁存到内部锁存器中，作为行地址。当 $\overline{CAS}$ 引脚为低电平时，

DRAM2164A 再将地址线的信息锁存到内存锁存器中，作为列地址。当 $\overline{WE}$ 为低电平时，表示 DRAM2164A 可以被写入，随后 DRAM2164A 将 DIN 引脚上获取到的数据写入内存单元中。

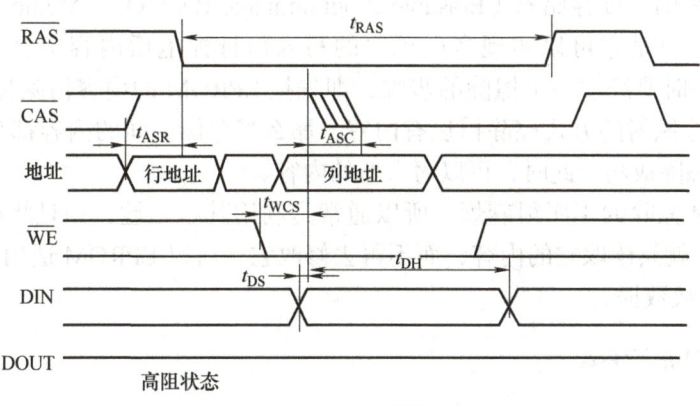

图 8-22　DRAM2164A 写操作的工作时序

微机系统内存条是用 8 枚 DRAM2164A 芯片共同构成的，由于一枚 DRAM2164A 芯片一次只能读取或写入一位二进制数，只有 8 枚芯片同时使用，才能实现一次读取或写入一个字节的操作。这 8 枚芯片可以看成是一个芯片组，它们的地址线连接方式完全相同，也就是说，它们在系统中地址是完全相同的。这 8 枚芯片的 DIN 引脚分别接到 8088 系统总线的 D0~D7 位上，作为一个字节中的一个位使用。图 8-23 所示为 DRAM2164A 在系统中的连接图。

在图 8-23 中，LS158 是用来区分高 8 位和低 8 位地址信号的。前文提到，高 8 位和低 8 位分时复用 DRAM2164A 的 A0~A7 引脚。LS158 就是通过 S 引脚来控制何时输出 A 口的值，何时输出 B 口的值。例如，当 S 为高电平时，LS158 输出 A 口的值，也就是低 8 位地址；当 S 为低电平时，LS158 输出 B 口的值，也就是高 8 位地址。那么，通过 S 和 $\overline{RAS}$、$\overline{CAS}$ 引脚的配合，就能够实现 2164A 芯片组对 64KB 存储空间的寻址。

芯片组中 8 枚芯片除了 DIN 和 DOUT 引脚，其余引脚的连线方式是完全相同的。8 枚芯片的 DIN 和 DOUT 引脚分别连接在 LS245 的 B 端口的 8 个引脚上。LS245 可

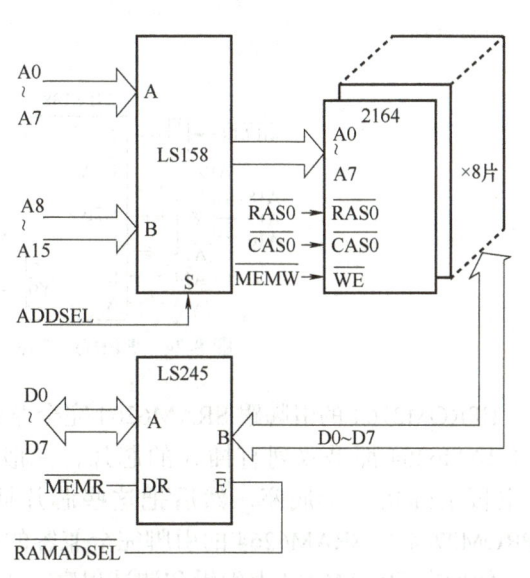

图 8-23　8 枚 DRAM2164A 在系统中的连接

以用来控制数据的传输方向。当 LS245 的 DR 引脚是低电平时，B 口输入的数据会从 A 口输出；当 DR 引脚是高电平时，A 口输入的数据会从 B 口输出。所以，当 $\overline{MEMR}$ 有效时，来自 8 枚芯片的 DOUT 引脚的 1B 数据被微机系统读入；当 $\overline{MEMR}$ 无效而 $\overline{MEMW}$ 有效时，来自微机系统的 1B（8bit）数据被分别写入 8 枚芯片中。

8.5 只读存储器

可擦除可编程的只读存储器（Erasable Programmable Read Only Memory，EPROM）也是 ROM 的一种，只是它可以实现多次程序的写入而且掉电后内容不会丢失。但是，往 EPROM 写入程序时要经过一个擦除的步骤，即先把 EPROM 的内容清除掉，再写入程序。如果是通过紫外线照射的方式擦除掉现有内容，那么当存储空间的内容都是 FFH 时，表示原有程序已经被擦除成功。此时，可以写入新的内容。

由于 EPROM 擦除的工序很麻烦，所以通常是利用其稳定性，一旦将确定的程序写入 EPROM 芯片中，就只读取它的内容，而不再去修改它。所以 EPROM 适用于存储程序，而 RAM 更适用于存放数据。

8.5.1 EPROM2764

（1）EPROM2764 的引脚

下面介绍典型的 EPROM 芯片——EPROM2764，它的容量是 8K×8bit。与 SRAM6264 的容量相同，它也有 13 根地址线和 8 根数据线。图 8-24 所示为 EPROM2764 在系统中的连接图。由图可见，EPROM2764 通过 $\overline{OE}$ 的状态判断系统是否要读取数据，通过 $\overline{CE}$ 引脚判断本芯片是否被选中。EPROM2764 还有一个编程脉冲输入引脚 $\overline{PGM}$，当这个引脚检测到低电平时，就会将信息写入芯片中。

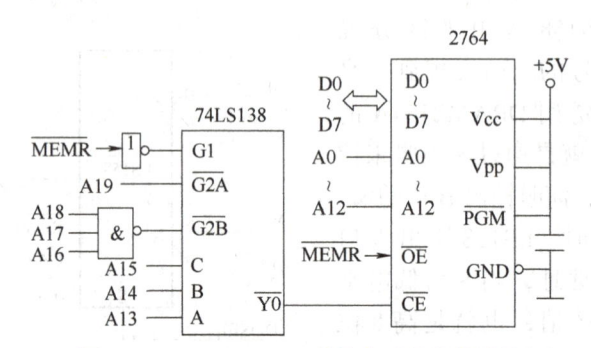

图 8-24 EPROM2764 芯片在系统中的连接

EPROM2764 的引脚跟 SRAM6264 完全兼容，为什么要这样设计呢？其实 EPROM2764 和 SRAM6264 都是双列直插式的芯片，一般不把这些芯片直接焊接在主板上，而是先在主板上焊接一个底座，然后把这些芯片插到底座上，这样做是为了便于更换芯片。EPROM2764 与 SRAM6264 的引脚完全兼容的好处：程序员可以先把 SRAM6264 插到底座上，然后在 SRAM6264 上编辑和调试程序。当确定程序没有问题以后，再把 SRAM6264 拔下来，把 EPROM2764 插上去，将刚刚调试好的程序写入 EPROM2764 里。

（2）EPROM2764 的工作方式

EPROM2764 的工作方式有三种：数据读取、程序写入和擦除。

1）数据读取：EPROM2764 支持在线实时读取。

2）程序写入：通过标准编程方式或快速编程方式可将程序写入。写入的过程是每出现一个编程的负脉冲就写入一个字节的数据。所以，想写入整段程序需要的时间较长。

3）擦除：需要使用紫外线照射装置实现擦除，所以擦除不是很方便。

（3）EPROM2764 的地址

以图 8-24 为例分析一下 EPROM2764 在系统中的地址范围。在图 8-24 中，可以看到 EPROM2764 的地址线和数据线都跟系统总线相连。由于 EPROM2764 在系统中是只读的，所以只将 $\overline{\text{MEMR}}$ 信号连接到 $\overline{\text{OE}}$ 引脚上，以控制 EPROM2764 输出数据。又由于 EPROM2764 在微机系统中工作时仅仅用于程序读取，而不是数据写入，因此，需要使它的 $\overline{\text{PGM}}$ 引脚无效。在图 8-24 中，将 $\overline{\text{PGM}}$ 和 VPP 引脚都接在高电平上，就不能对芯片进行写操作了。

芯片在系统中的地址还要通过片选信号来分析。如图 8-24 所示，$\overline{\text{CE}}$ 引脚连接到了译码器的 $\overline{\text{Y0}}$ 引脚。当译码器开始工作且 $\overline{\text{Y0}}$ 引脚有效时，EPROM2764 才会被选中，并且通过 A0~A12 进行片内寻址。译码器开始工作的条件是 G1 为高电平、$\overline{\text{G2B}}$ 和 $\overline{\text{G2A}}$ 为低电平。

1）$\overline{\text{MEMR}}$ 通过非门连接到 G1 引脚上。当 $\overline{\text{MEMR}}$ 为低电平时，G1 为高电平。

2）A19 直接连接在 $\overline{\text{G2A}}$ 引脚上。当 A19 为低电平时，$\overline{\text{G2A}}$ 为低电平。

3）A16~A18 通过与非门连接在 $\overline{\text{G2B}}$ 引脚上。当 A16~A18 都为高电平时，$\overline{\text{G2B}}$ 引脚是低电平。

4）A13~A15 直接连接在 A、B、C 引脚上。当 A13~A15 都为低电平时，$\overline{\text{Y0}}$ 为低电平。

通过上述分析，将 20 位地址线的状态列在图 8-25 中。可见，EPROM2764 的地址范围是 70000H~71FFFH。

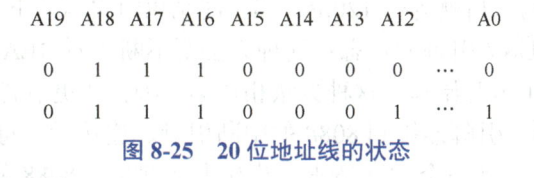

A19	A18	A17	A16	A15	A14	A13	A12		A0
0	1	1	1	0	0	0	0	…	0
0	1	1	1	0	0	0	1	…	1

图 8-25　20 位地址线的状态

8.5.2　E²PROM98C64A

电可擦除可编程只读存储器（Electrically Erasable Programmable Read-Only Memory，E²PROM）与 EPROM 相似，也具有掉电后内容不丢失的特性，可以随机读取信息。与 EPROM 不同的是，E²PROM 不需要通过紫外线照射而是通过电来擦除信息。所以，相比 EPROM 来说，修改 E²PROM 的内容要方便得多。

（1）E²PROM98C64A 的引脚

图 8-26 是 E²PROM98C64A 芯片的引脚图。E²PROM98C64A 的容量是 8K×8bit，与 SRAM6264 和 EPROM2764 的容量一样。如图 8-26 所示，它也有 13 根地址线和 8 根数据线，除此以外，它还有输出使能信号 $\overline{\text{OE}}$ 和写使能信号 $\overline{\text{WE}}$。因为它的内容是可以用电擦除的，所以可以直接在线写入，它的片选信号是 $\overline{\text{CE}}$。它还有一个状态输出引脚是 READY/$\overline{\text{BUSY}}$ 引脚，这个引脚用来告诉 CPU，E²PROM98C64A 现在是否可以写入信息。这是因为每次 CPU 向 E²PROM98C64A 写入内容后，E²PROM98C64A 都要进行内部操作，这个操作需要一定的时间（例如，100μs）。当 E²PROM98C64A 进行这个操作时，它会将 READY/$\overline{\text{BUSY}}$

引脚置为低电平，表示它现在正忙，不允许再对它执行写的操作。当 E²PROM98C64A 把这个操作执行完毕时，E²PROM98C64A 会将 READY/$\overline{BUSY}$ 引脚再置为高电平，表示允许 CPU 对它执行写的操作。

（2）E²PROM98C64A 的工作方式

E²PROM98C64A 的工作方式包括数据读取、程序写入和擦除。

1）程序写入：对 E²PROM98C64A 写入时可以按字节写入，也可以按页写入。每次 READY/$\overline{BUSY}$ 引脚出现高电平时就可以写入。

2）擦除：对 E²PROM98C64A 擦除的方式也很灵活。可以选择一次擦除一个字节或擦除整片内容。而对于 EPROM 来说，它的擦除操作是照射紫外线，所以是不能选择擦除方式的，只能将整片芯片的内容一次性擦除。

（3）E²PROM98C64A 的应用

由于只有当 READY/$\overline{BUSY}$ 引脚为高电平时

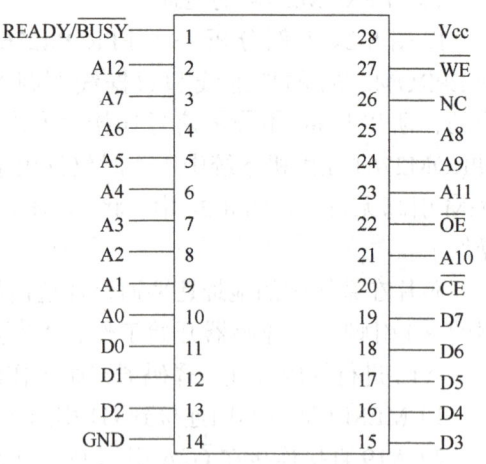

图 8-26　E²PROM98C64A 芯片引脚图

才能对 E²PROM98C64A 进行写操作，因此，在执行写操作时需要查看 READY/$\overline{BUSY}$ 引脚的状态。一般可通过程序实现对 E²PROM98C64A 的读写。

写的方式有以下三种。

1）定时写入：假设在芯片中写入一个字节需要等待 100μs，那么可以在程序中加入定时 120μs 的程序。每次写入后就等待 120μs，当定时结束时再写入下一个字节。

2）判断 READY/$\overline{BUSY}$ 引脚的状态：这种方法要不断查看 READY/$\overline{BUSY}$ 引脚的状态，一旦发现它变成了高电平就开始写。这种方法相比第一种方法更节省时间。

3）将 READY/$\overline{BUSY}$ 引脚连接到 8088 的中断引脚。连接后，每当 READY/$\overline{BUSY}$ 引脚是高电平时，8088 就会收到一个中断请求。当中断到来时，8088 就往 E²PROM98C64A 写一个字节。如果没有中断的话，8088 就执行自己的任务。

8.5.3　闪存 FLASH

闪存 FLASH 也属于 ROM 的一种，它使用起来更加灵活。FLASH 包括数据读出、编程写入和擦除三种状态。

1）数据读出：包括读内存单元的内容、读内部寄存器的内容和读芯片的厂家及芯片标记等信息。

2）编程写入：FLASH 没有 READY/$\overline{BUSY}$ 这个引脚，8088 直接通过读它的内部寄存器状态就知道是否可以向 FLASH 写入数据。所以，对 FLASH 执行写入的速度更快。在进行编程写入时，FLASH 还有写软件保护功能。当写软件保护打开的时候，就不能往 FLASH 写入信息了。

3）擦除：对 FLASH 的擦除既可以是字节擦除，又可以是块擦除，还可以是整片擦除。对 FLASH 的擦除操作还可以是擦除挂起，即擦除到一半时暂停擦除的操作。

更多关于 FLASH 的使用可以自行查看厂家的使用手册。

8.6 存储器扩展

存储器扩展是指现有的存储容量不够，需要对存储容量进行扩展。一般通过增加更多的存储芯片构成需要的存储容量。

为了便于 CPU 找到正确的存储空间，所有的存储器芯片在内存中都应该具有唯一的地址。所以，在任一时刻只能有一个或一组芯片被选中。存储器芯片的存储容量计算如下：

$$存储容量 = 存储单元的个数 \times 每个单元的位数$$

其中，存储单元的个数表示这款芯片中具有多少个存储单元，每个单元的位数表示每个存储单元中能放多少位，也就是所说的字长。

由上式可知，对存储器扩容的方法有以下三种。

1）扩展出更多的存储单元，这种方法被称为字扩展。
2）每个单元扩展出更多的位，这种方法被称为位扩展。
3）既扩展单元数又扩展位数，这种方法被称为字位扩展。

8.6.1 位扩展

位扩展就是扩展每个单元的字长，这种方法主要应用于构成内存存储器芯片的字长小于内存单元字长的情况。这种情况下，各扩展芯片中的存储单元其实对应了相同的内存地址，所以各个芯片地址线、控制线的连接方式完全一样，只有数据线是分别引出并接到 8088 总线的不同数据线上。这种扩展方式的特点是存储器的单元数不变，只是每个单元的位数增加了，所以整个内存容量也就相应地增加了。

位扩展的典型应用是前面学习过的 DRAM2164 芯片。图 8-27 是位扩展的实例。

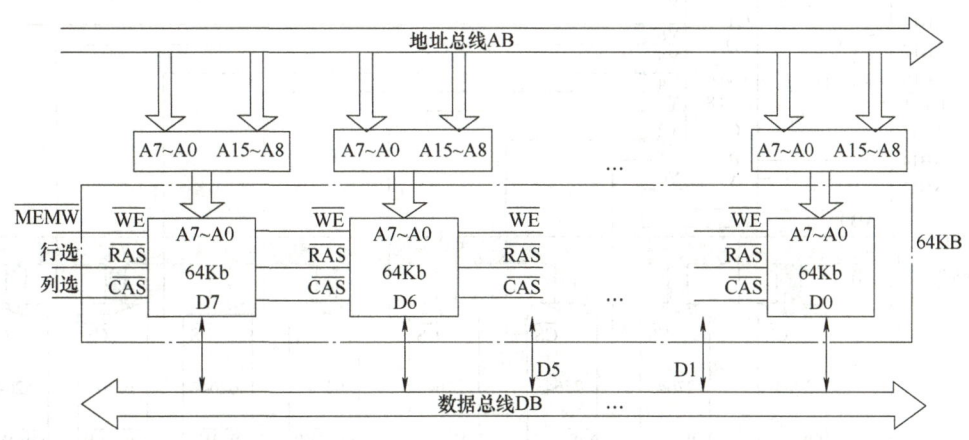

图 8-27 位扩展实例

由于一枚 2164 芯片只有一位输出，所以，通常都是用 8 枚 DRAM2164 芯片构成一个存储器组。在组内，8 枚芯片的地址线和控制线的连接方式完全一样。在组外，8088 可以向每个内存地址读写 1B 的数据。图 8-27 显示了 8 枚 DRAM2164 芯片，每枚芯片的地址线和控制线的接法一致，区别是每枚芯片的数据线连接到了 8088 系统总线中不同的数据线。从左到右，8 枚芯片的数据线分别连接了数据线的 D7~D0。

8.6.2 字扩展

字扩展就是当系统的存储单元数不够时，对存储单元的个数进行扩展。例如，原本系统的存储容量是 8KB，但是不够用，需要扩展到 64KB。在这种情况下，每个存储单元的字长是满足要求的，只是存储单元的个数不足，因此，需要扩展更多的芯片并为每个芯片分配不同的地址。给每个芯片分配唯一的地址就用前面介绍过的全地址译码。让译码器的输出端作为片选信号，选通不同的芯片。

字扩展的原则可总结为如下三点。

1）将每个芯片的地址线、数据线和控制线并联。由于芯片的地址线对应的都是微机系统地址总线的低位，因此，地址线、数据线和控制线不需要区分，都是并联。

2）为每枚芯片提供不同的地址范围。这就是全地址译码，保证所有芯片的地址都是唯一的。

3）由译码器的输出作为片选信号。

【例 8-5】 利用 EPROM2764 和 SRAM6264 芯片产生 32KB 的 ROM 和 32KB 的 RAM。

通过前面知识的学习，我们知道一枚 EPROM2764 和一枚 SRAM6264 的存储容量都是 8KB。要产生 32KB 的 RAM 需要 4 枚 EPROM2764，而要产生 32KB 的 ROM 需要 4 枚 SRAM6264。这样，系统中一共有 8 枚芯片。

每枚芯片的地址线都是 13 位的，并联后与 8088 系统总线中的低 13 位地址线相连。每枚芯片的数据线都是 8 位的，并联后与 8088 系统总线的数据线相连。8 枚芯片的 $\overline{OE}$ 引脚并联后与 $\overline{RD}$ 相连。4 枚 SRAM6264 芯片的 $\overline{WR}$ 端并联后与 $\overline{WR}$ 相连，如图 8-28 所示。

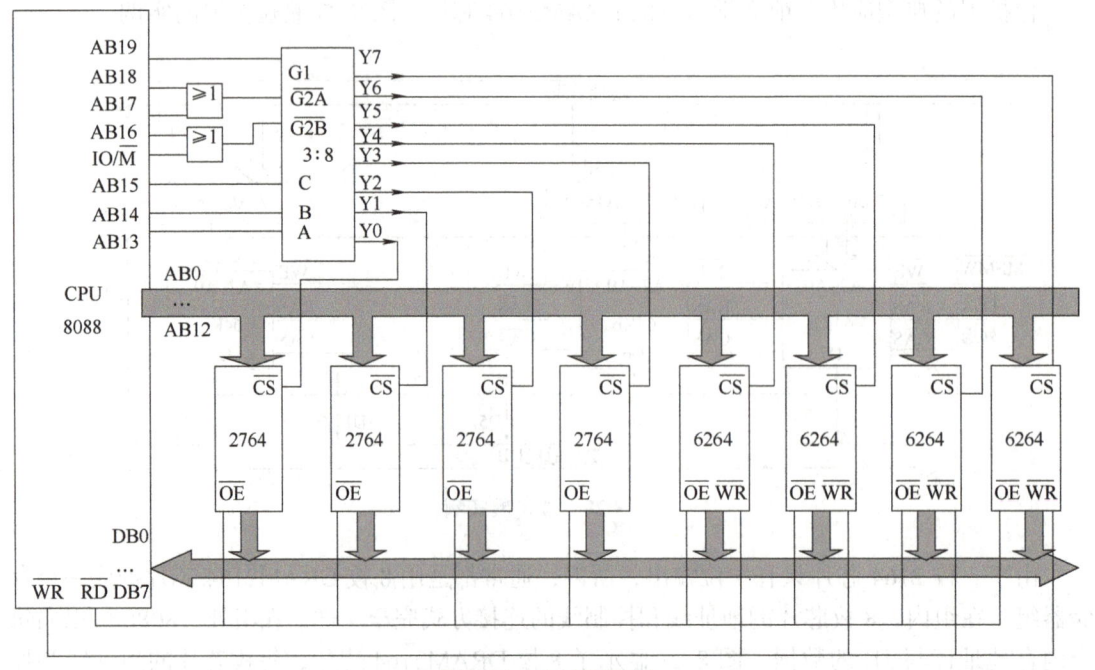

图 8-28 字扩展实例

现在只剩 8 枚芯片的片选信号了。将 8 枚芯片的片选信号分别接到 74LS138 译码器的 8 个输出引脚上。通过 AB13～AB15 的状态来选中不同的芯片。A16～A19 的状态对于 8 枚芯片来说是完全一样的，决定了 8 枚芯片的地址范围。

要使 74LS138 工作，G1 要为高电平、$\overline{G2A}$ 和 $\overline{G2B}$ 为低电平。

1）AB19 与 G1 相连。当 AB19 为高电平时，G1 为高电平。

2）AB17 和 AB18 通过或门与 $\overline{G2A}$ 相连。当 AB17 和 AB18 都为低电平时，$\overline{G2A}$ 为低电平。

3）AB16 和 IO/$\overline{M}$ 通过或门与 $\overline{G2B}$ 相连。当 AB16 和 IO/$\overline{M}$ 都为低电平时，$\overline{G2B}$ 为低电平。

通过以上分析，我们将 20 位地址的状态列出，如图 8-29 所示。

由图 8-29 可知，8 枚芯片占用的地址范围是 80000H～8FFFFH。根据 A13～A15 的状态组合选中某芯片。其中，80000H～87FFH 是 ROM 的地址范围，88000H～8FFFFH 是 RAM 的地址范围。

AB19	AB18	AB17	AB16	AB15	AB14	AB13	AB12		AB0
1	0	0	0	0	0	0	0	…	0
1	0	0	0	1	1	1	1	…	1

图 8-29　字扩展后的地址范围

8.6.3　字位扩展

如果字长和存储单元个数都不够，就既要扩展字长又要扩展存储单元的个数，这种情况称为字位扩展。例如，需要的存储容量是 $M\times N$，但是一枚芯片的容量是 $m\times n$，那么就需要 $M/m\times N/n$ 个芯片。

【例 8-6】请使用 DRAM2164 芯片构成 128KB 内存。

已知，一枚 DRAM2164 芯片的容量是 $64K\times 1bit$。可以先用 8 枚芯片扩展成 64KB 的内存空间，这一步完成的是位扩展。

要构成 128KB 的容量，还需要进行字扩展。8 枚芯片的容量是 64KB，那么，只需要再扩展 8 枚芯片就可以获得 128KB 的容量。因此，要使用 DRAM2164 芯片构成 128KB 的存储容量共需要 16 枚 DRAM2164 的芯片。

字位扩展实例如图 8-30 所示。其中，8 枚芯片看成一个芯片组，一共有两个芯片组，每一组是 64KB 存储容量。两组可以通过片选信号来区分。例如，将译码器的两个输出端口分别接到两个芯片组的片选信号上。

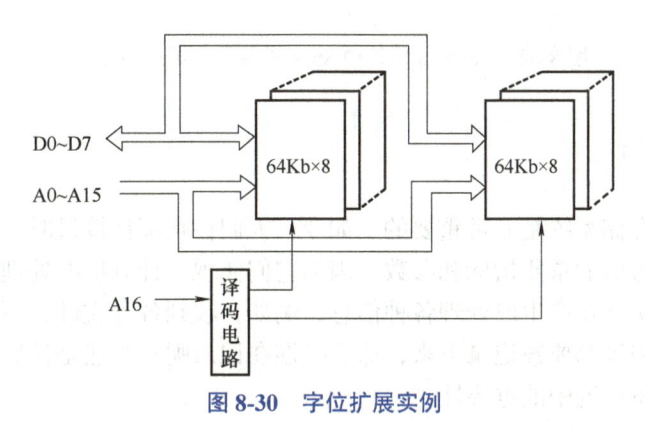

图 8-30　字位扩展实例

综合分析

在 Proteus 软件中找到 8086 芯片，如图 8-31 所示，在软件界面中放置好 8086 芯片，并如图 8-31 将它的引脚连接好。如图 8-32 所示，在软件中放置 8086 和 74LS138 两款芯片并连线。

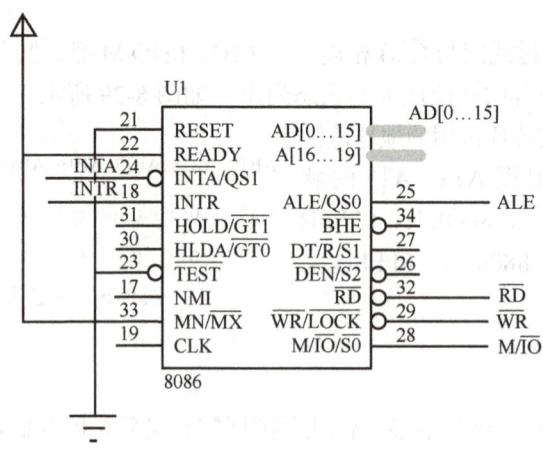

图 8-31　Proteus 软件中 8086 芯片

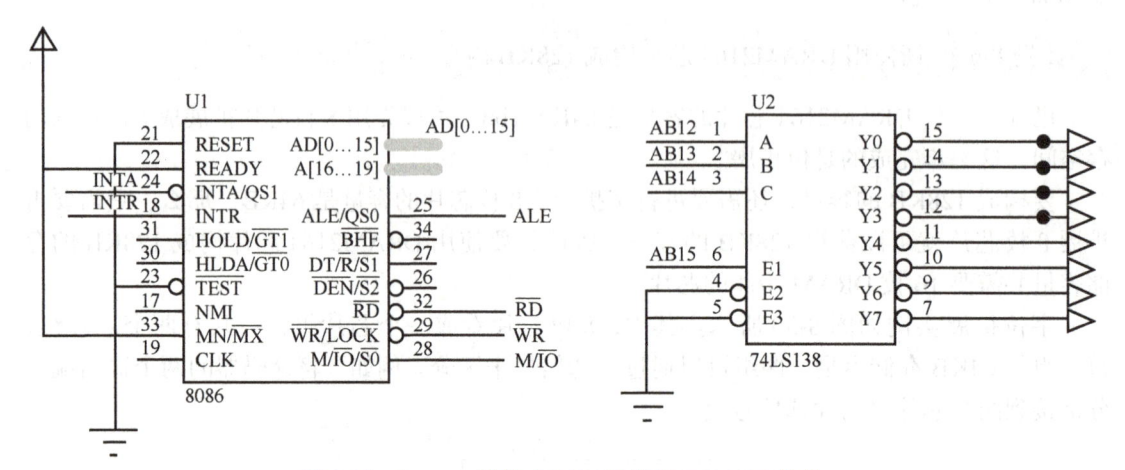

图 8-32　Proteus 软件中 8086 芯片和 74LS138 芯片

归纳总结

微型计算机的存储系统是非常重要的。如今，人们在购买计算机时，内存大小、硬盘大小都是购买时需要考虑的重要指标和参数，因为它们体现了计算机的处理能力和存储信息的容量。我们每时每刻都在产生或处理各种信息，例如，收到各种文件，写了各种文档，回复了很多邮件，这些内容都要被记录下来，那么是谁在记录呢？当然是计算机的存储系统。可见，存储系统在微机系统中的重要性。

本单元主要介绍了内存系统，包括 RAM 和 ROM。通过相关芯片使用的讲解，可以了解各种芯片的引脚、存储容量和如何通过全地址译码的方式在整个系统中为它们指定唯一的地址，以便 CPU 能够准确地访问到它。学习到这里，你会发现前面学习的地址概念、二进制概念及译码器使用等又一次被综合使用来解决内存编址的问题。可见，知识体系的建立有多么重要！无论是微机系统的软件还是硬件，都是围绕 CPU 建立的系统，目的都是为了让 CPU 能够最大限度地发挥它的优势，进行快速的信息处理。而在实现这个目的的过程中，学习过的前面几个单元的内容都已被综合地应用。

思考与练习

1. 在微机系统中，内存是用什么器件构成的？它有什么优点？
2. 按功能，半导体存储器分为哪两种？它们的特点是什么？
3. 按存取原理，RAM 又分为哪两种？它们的特点是什么？
4. 请画出半导体存储器的分类情况。
5. 在对 SRAM 进行读/写时，地址信号可分为几部分？分别有什么作用？
6. DRAM 工作的特点是什么？与 SRAM 相比有什么优点与缺点？
7. EPROM 和 E²PROM 各自的特点是什么？
8. 若采用规格为 4K×1 的 SRAM 构成 256KB 的存储空间，共需要多少枚芯片？地址线需要多少根？
9. 若采用规格为 4K×1 的 RAM 芯片组成 8KB 的存储空间，需要多少枚芯片？哪些地址线参与片内寻址？
10. 设有一个具有 16 根地址引脚和 8 根数据引脚的存储器，问：
（1）该存储器能存储多少字节的信息？
（2）若存储器由 8K×4 规格的芯片组成，需要多少枚？
（3）需要多少位地址作芯片选择？
11. 微机存储系统中为什么要采用 Cache？
12. 设某 CPU 有 16 根地址引脚、8 根数据引脚，若用 2114 芯片（1K×4）组成 2KB RAM，地址范围为 3000H～37FFH，请画出地址线的连接方式。

附录

任务书

单元1任务书 西门子PLC S7-1200中DATE_AND_TIME（日期和日时钟）变量的使用

1. 任务背景

西门子PLC S7-1200中DATE_AND_TIME变量的使用规则：数据类型DT（DATE_AND_TIME）存储日期和时间信息，格式为BCD码。日期和时间的表示内容：年 - 月 - 日 - 小时：分钟：秒：毫秒。DT数据类型的取值范围为：最小值为DT#1990-01-01-00：00：00.000，最大值为DT#2089-12-31-23：59：59.999。

举例：2008年10月25日08时12分34秒567毫秒的数据存储为DATE_AND_TIME#2008-10-25-08：12：34.567。

附表1列出了DT日期和时间数据格式的结构组成和属性。

附表1 DT日期和时间数据格式的结构组成和属性

字节序号	内容	取值范围
0	年	0~99（1990年—2089年） BCD#90 = 1990 … BCD#0 = 2000 … BCD#89 = 2089
1	月	BCD#1 ~ BCD#12
2	日	BCD#1 ~ BCD#31
3	小时	BCD#0 ~ BCD#23
4	分钟	BCD#0 ~ BCD#59
5	秒	BCD#0 ~ BCD#59

(续)

字节序号	内容	取值范围
6	毫秒的两个最高有效位	BCD#0~BCD#99
7MSB：最高有效位 4bit	毫秒的最低有效位	BCD#0~BCD#9
7LSB：最低有效位 4bit	星期	BCD#1~BCD#7 BCD#1 = 星期日 … BCD#7 = 星期六

2. 任务要求

请查看西门子 PLC S7-1200 中 DATE_AND_TIME 变量的使用规则，并按要求完成以下内容。

1）在 DATA_AND_TIME 变量中存储的内容：

00100010 00000110 00100001 00001000 01010110 01011001 00010000 00000011

请问这个变量记录的时间是什么时候？

2）请写出 2075 年 12 月 31 日 18 时 54 分 20 秒 543 毫秒，星期几（请自己查询）在 DATA_AND_TIME 变量中存储的内容。

单元 5 任务书 1　认识寻址方式（一）

1. 任务背景

汇编语言的寻址方式有 8 种，分别是_____、_____、_____、_____、_____、_____、_____、_____。

2. 任务要求 1

请说明下列指令分别使用了什么寻址方式。指令是否有错，如果有错请改正。

（1）MOV AL，0

（2）OUT 41H，AL

（3）MOV BL，[0000H]

（4）MOV AX,［DX］

（5）MOV AL,［BP+0001H］

（6）MOV AL,［BX+BP］

（7）MOV AL,［BP+SI-1］

3. 任务要求 2

请在 Masm 软件中使用 A 命令分别输入任务要求 1 中的指令，并使用 T 命令逐个执行命令、查看结果并将截图贴于下方空白处。通过观察，说明每一条指令执行前后目的操作数和源操作数的变化、源操作数的来源。如果是改正后的指令，请验证改正后的指令是否能正确执行。

单元 5 任务书 2 认识寻址方式（二）

1. 任务背景

汇编语言对内存的寻址方式非常灵活。与 C 语言类似，变量在声明时也要声明其占用空间的大小，而且变量名本身可以作为指针使用。

DATAS SEGMENT
  X db 'a', –5
   db 2 DUP (100), ?
  Y db 'ABC'
DATAS ENDS

这里 X 和 Y 都是变量，'db' 表示每个数据占用一个字节的空间。同样，X 和 Y 可以作为地址指针来使用，例如，X 指向的数据就是 'a'，X+1 指向的数据就是 –5 等。

2. 任务要求 1

请在 Masm 软件中写入下列变量声明，并使用 D 命令查看内存单元中的数据，说明 X 指向的内存中分别存储了哪些数据，Y 指向的内存中分别存储了哪些数据。（请结合截图进行说明）

DATAS SEGMENT
  X db 'a', –5

                db 2 DUP（100），？
            Y db 'ABC'
DATAS ENDS

3. 任务要求 2
请在 Masm 软件的代码段继续输入下列指令：
MOV AL，X
MOV AX，X
MOV X+2，50
MOV［0000］，50
MOV WORD PTR［0000］，100
如果程序有误，请先改正，然后再编译，直到编译通过。
请结合 T 命令单步执行每一条指令，并说明每条指令的功能。用截图证明目的操作数在指令执行前后的变化。

单元 5 任务书 3　数据传送指令的应用

1．任务背景
汇编语言数据传送指令中最常用的是 MOV 指令。在使用 MOV 指令时要注意 MOV 指令对目的操作数和源操作数的要求。

2．任务要求 1
把内存 DATAS：2000H 开始的一个字送给 CX，请在下方空白处写出程序。

请在 Masm 软件中先使用 E 命令往 DATAS：2000H 中写入 0FFH，再验证你的程序是否正确。请结合 T 命令和截图说明每条指令的含义。

3. 任务要求 2

把 12H 送入内存 DATAS：200H 中。请在下方空白处写出程序。

请在 Masm 软件中结合 T 命令和截图说明每条指令的含义，并用 D 指令查看内存 DATAS：200H 的数据，验证程序的正确性。

4. 任务要求 3

使用堆栈指令把内存 DATAS：2000H 开始的一个字传送到 DATAS：200H 中。请在下方空白处写出程序。

请在 Masm 软件中结合 T 命令和截图说明每条指令的含义，并用 D 指令查看内存数据，验证程序的正确性。

单元 5 任务书 4　算术运算指令的应用

1. 任务背景

使用汇编语言算术运算指令时，尤其要注意指令对标志位的影响和改变，因为标志位的改变往往会影响程序的走向。

2. 任务要求 1

请在 Masm 输入下列指令：

MOV AL，0FBH；

ADD AL，07H；

说明指令的含义，使用 R 命令查看标志寄存器的值并截图。分析一下计算过程，证明标志寄存器的值是正确的。

3. 任务要求 2

请在任务要求 1 程序的后面继续输入下列指令：

MOV WORD PTR [200H]，4652H;
MOV BX，1FEH;
ADD AL，BL;
ADD WORD PTR [BX+2]，0F0FH;
请说明指令的含义，使用 R 命令查看标志寄存器的值并截图。分析一下计算过程，证明标志寄存器的值是正确的。

程序运行后查看 DS：200H 的内容并截图，解释一下为什么会得到这个结果。

4. 任务要求 3

请写出计算无符号数 0B4H×11H 的程序和计算有符号数 0B4H×11H 的程序。计算并分析结果各为多少，标志寄存器的值应为什么？

单元5 任务书5 逻辑、移位和跳转指令的应用

1. 任务背景

逻辑和移位指令经常与跳转指令一起使用，以控制程序的走向。

2. 任务要求 1

请写出满足要求的程序，测试 AL 的第 0、1、2 位是否为 0，如果都为 0，则 BX=0FFH；否则，BX=0。

请在 Masm 中输入所写程序，并分两种情况验证程序的正确性。
情况 1：AL 的第 0、1、2 位都为 0。
情况 2：AL 的第 0、1、2 位不都为 0。
请用截图证明。

3. 任务要求 2

请先画出流程图，再写出满足要求的程序。求 AL 中有几个 1，如果是奇数个 1，则

BX=0FFH；如果是偶数个 1，则 BX=0。

请在 Masm 软件中输入所写程序，并分两种情况验证程序的正确性。
情况 1：AL 中有奇数个 1。
情况 2：AL 中有偶数个 1。
请用截图证明。

单元 5 任务书 6　循环和串操作指令的应用

1. 任务背景
循环指令类似于 C 语言中的 FOR 循环，当条件不满足时，重复执行一段代码，直到退出循环条件满足为止。

在使用串操作指令时，要注意定义源串和目的串的位置、串的长度，以及操作的方向，还要注意与重复指令的配合使用。

2. 任务要求 1
针对地址为 1000H 单元开始的 100 个字节数据，统计其中有几个 '$'，将统计的结果存入 BX 中。要求用循环指令写出满足要求的程序。请在下方空白处画出流程图。

请在下方空白处写出程序。

请在 Masm 软件中输入所写程序，并验证程序的正确性，请用截图证明。

3. 任务要求 2
将地址为 1000H 单元开始的 100 个字节数据向高地址方向移动两个字节位置，并且比较移动后的串是否与源串保持一致。要求用串操作指令写出满足要求的程序。请在下方空白处画出流程图。

请在下方空白处写出程序。

请在 Masm 软件中输入所写程序并验证程序的正确性，请用截图证明。

4. 总结
总结一下此次任务中遇到的问题和解决方案。

单元 5 任务书 7　三菱 PLC 串口通信

1. 任务背景
在三菱 PLC 中绘制梯形图时还可以使用指令的方式，而这些指令与汇编语言指令非常相似，例如：

```
    X011
    ─┤├───────────────[MOV H1 D20]──
```

H×× 表示十六进制数；
D×× 表示一个 16 位的寄存器；
那么上面这个梯形图的含义是，当 X011 闭合时，将 1H 赋给 D20。

2. 任务要求 1
当 X011 闭合时，将 01H 06H 00H 00H 00H 64H 88H 21H 分别赋值给 D20～D27。
请在下方空白处绘出梯形图（注：分别赋值可以用并联的方式绘制）。

3. 任务要求 2

请结合所学的指令并自行上网查询，说明下列指令的含义。

```
    X011
 ───┤ ├──────────────────[ADD D0 D2 D4]───
```

单元 6 任务书 1　编写与用户互动的程序（一）

1. 任务背景

本任务将利用 Masm 软件进行顺序程序设计。

2. 任务要求

请用户输入他/她的名字，然后打印"Hello，×××"。

请按下列要求完成任务。

1）请在下方空白处画出流程图。

2）请将程序写在下方空白处。

3）将所写程序输入 Masm 中，验证程序是否能够正确执行。如果出错，请通过调试改正。调试正确后，请通过单步运行说明每一步程序的含义和功能。

3. 总结

在做此任务的过程中遇到了哪些问题？你是如何解决的？

单元 6 任务书 2　编写与用户互动的程序（二）

1. 任务背景

本任务将利用 Masm 软件进行跳转程序设计。

2. 任务要求

请用户输入他 / 她的名字，然后再让他 / 她输入密码（默认的密码是 '1'）。如果用户输入的密码不对，打印"Your password is wrong"，程序结束；如果用户输入的密码是正确的，打印"Successfully Login"，换行后，再打印"Hello，×××"。

请按下列要求完成任务。

1）请在下方空白处画出流程图。

2）请将程序写在下方空白处。

3）将所写程序输入 Masm 软件中，验证程序是否能够正确执行。如果出错，请通过调试改正。调试正确后，请通过单步运行说明每一步程序的含义和功能。

3. 总结

在做此任务的过程中遇到了哪些问题？你是如何解决的？

单元 6 任务书 3　编写与用户互动的程序（三）

1. 任务背景

本任务将利用 Masm 软件进行循环程序设计。

2. 任务要求

请用户输入他 / 她的名字，然后再让他 / 她输入密码（默认的密码是 '1'）。如果用户输入的密码不对，打印"Your password is wrong"，并允许用户最多输入三次，如果三次都错了，程序结束；如果用户输入的密码是正确的，打印"Successfully Login"，换行后，再打印"Hello，×××"。

请按下列要求完成任务：

1）请在下方空白处画出流程图。

2）请将程序写在下方空白处。

3）将所写程序输入 Masm 中，验证程序是否能够正确执行。如果出错，请通过调试改正。调试正确后，请通过单步运行说明每一步程序的含义和功能。

3. 总结

在做此任务的过程中遇到了哪些问题？你是如何解决的？

单元 6 任务书 4 编写猜数字游戏

1. 任务背景

在 8086 中可以通过计数器端口产生随机数。请你自行上网查询，保证程序能够产生一个随机数。

2. 任务要求

随机产生一个数（字长 1B，只取低 4 位），请用户猜这个数。如果猜对了，打印"Your are right"，并结束程序；如果猜错了，打印"Not this number.Try again"。用户有三次机会。

请按下列要求完成任务。

1）请在下方空白处画出流程图。

2）请将程序写在下方空白处。

3）将所写程序输入 Masm 中，验证程序是否能够正确执行。如果出错，请通过调试改正。调试正确后，请通过单步运行说明每一步程序的含义和功能。

3. 总结

在做此任务的过程中遇到了哪些问题？你是如何解决的？

参考文献

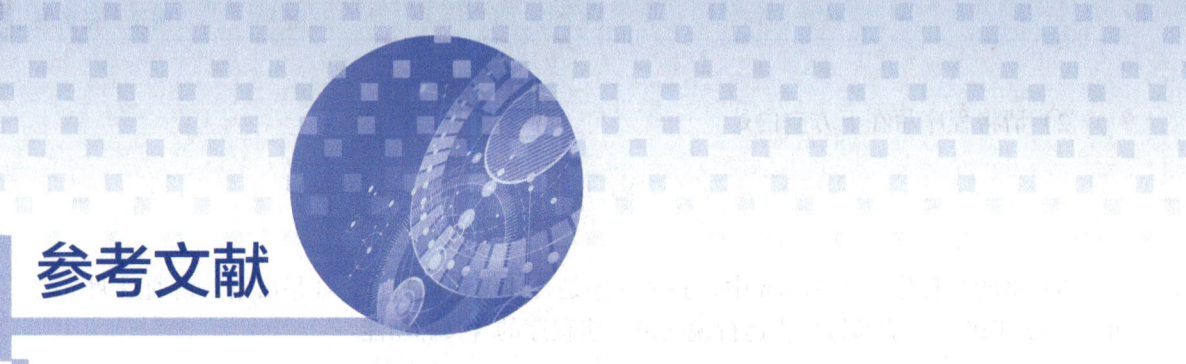

［1］吴宁，闫相国.微型计算机原理与接口技术［M］.5 版.北京：清华大学出版社，2022.
［2］周明德，张晓霞，兰方鹏.微机原理与接口技术［M］.3 版.北京：人民邮电出版社，2018.
［3］刘乐善，陈进才.微型计算机接口技术［M］.北京：人民邮电出版社，2015.
［4］顾晖，陈越，梁惺彦.微机原理与接口技术——基于 8086 和 Proteus 仿真［M］.4 版.北京：电子工业出版社，2024.